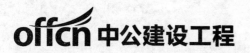

二级建造师·赢在考点

机电工程管理与实务

中公教育全国二级建造师执业资格考试用书编写组　编著

世界图书出版公司

北京·广州·上海·西安

图书在版编目（CIP）数据

二级建造师·赢在考点.机电工程管理与实务 / 中公教育全国二级建造师执业资格考试用书编写组编
著 . —北京:世界图书出版有限公司北京分公司，2020.7
ISBN 978-7-5192-7619-5

Ⅰ.①二… Ⅱ.①中… Ⅲ.①机电工程–工程管理–资格考试–自学参考资料 Ⅳ.①TU

中国版本图书馆CIP数据核字（2020）第112328号

书　　名	二级建造师·赢在考点·机电工程管理与实务	
	ERJI JIANZAOSHI·YING ZAI KAODIAN·JIDIAN GONGCHENG GUANLI YU SHIWU	
编　　著	中公教育全国二级建造师执业资格考试用书编写组	
责任编辑	张建民　祝美华	
特约编辑	吴义松	
出版发行	世界图书出版有限公司北京分公司	
地　　址	北京市东城区朝内大街137号	
邮　　编	100010	
电　　话	010–64038355（发行）　64037380（客服）　64033507（总编室）	
网　　址	http://www.wpcbj.com.cn	
邮　　箱	wpcbjst@vip.163.com	
销　　售	各地新华书店	
印　　刷	北京玥实印刷有限公司	
开　　本	787 mm×1092 mm　1/16	
印　　张	17.5	
字　　数	420千字	
版　　次	2020年7月第1版	
印　　次	2020年7月第1次印刷	
国际书号	ISBN 978-7-5192-7619-5	
定　　价	38.00元	

如有质量或印装问题，请拨打售后服务电话010–82838515

前　言

　　全国二级建造师执业资格考试难度大，证书含金量高。中公教育全国二级建造师执业资格考试用书编写组针对多数考生平时工作强度大，没有时间自学研读等现实问题，编写了"二级建造师·赢在考点"系列丛书，帮助考生利用零散、有限的时间高效地掌握考试重点、难点。

　　本系列丛书根据全国二级建造师考试大纲和近5年考试真题考查频次，通过表格的形式将核心考点归纳为知识清单、通过流程图将线性流程和逻辑直观展现、通过趣味漫画对考点进行形象化的阐述，帮助考生加深对考点的快速理解和记忆。希望本书能为考生了解考试规律、节省复习时间提供有效的帮助。

　　本书形式新颖、生动活泼，图文并茂，其具体模块和特点如下：

知识图谱

　　20张图谱，用结构图的形式逐级展现全章知识脉络，构建框架体系。

第二章　机电工程专业技术

知识图谱

考情速览

　　5年考情，用章节分析和数据对比的形式呈现考频考点，掌握命题规律。

考情速览

章节考点	历年考点分值分布				
	2019年	2018年	2017年	2016年	2015年
机电工程测量技术	1	1	1	1	1
机电工程起重技术	7	6	1	1	1
机电工程焊接技术	2	1	1	6	1

三 考点速记

3大形式，用流程图、表格及插图等形式呈现要点，提升速记效果。

流程图：将知识点间内部存在的逻辑关系，用流程图直观地展现出来，更加便于理解。

表格：科学归纳、精心提炼，要点突出。让考生系统掌握重要知识。

插图：工程图、漫画插图、故事插图等巧妙融入，要点形象化，提高学习效率。

四 真题演练

历年真题、最新真题、典型真题等精心融入，及时查缺补漏，提升实战效果。

五 归纳速记

将高频考点中相同的时间、数字等加以归纳总结，考生在学习时可一并记忆，备考时可集中加深印象。

考点速记

焊接工艺评定步骤

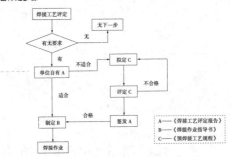

设备开箱检查

参加单位	建设单位、监理单位、施工单位。
检查、检验项目	①箱号、箱数以及包装情况。 ②设备名称、规格和型号，重要零部件还需按质量标准进行检查验收。 ③随机技术文件（如使用说明书、合格证明书和装箱清单等）及专用工具。 ④有无缺损件，表面有无损坏和锈蚀。 ⑤其他需要记录的事项。

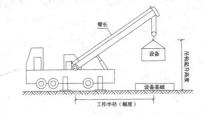

真题演练

一、单选题

1.［2019年］下列变压器中，不属于按用途分类的是（　　）。

A.电力变压器　　　　　　　　B.油浸变压器

C.整流变压器　　　　　　　　D.量测变压器

【答案】B。

归纳速记

第一部分　技术模块

一、时间类

1.min

1 min	高压试验结束后，应对直流试验设备及大电容的被测试设备多次放电，放电时间 > 1 min。
	电气设备做直流耐压试验时，试验电压按每级0.5倍额定电压分阶段升高，每阶段停留1 min，并记录泄漏电流。
2 min	风机盘管机组安装前宜进行风机三速试运转及盘管水压试验。试验压力应为系统工作压力的1.5倍，试验观察时间应为2 min。

目 录

第一篇　机电工程施工技术

第二篇　机电工程项目施工管理

第三篇　机电工程项目施工相关法律与标准

第一篇

机电工程施工技术

第一章　机电工程常用材料及工程设备

知识图谱

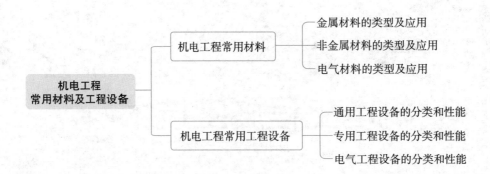

考情速览

章节考点	历年考点分值分布				
	2019年	2018年	2017年	2016年	2015年
机电工程常用材料	1	1	1	2	2
机电工程常用工程设备	1	1	0	2	2

1.1 机电工程常用材料

考点速记

一、金属材料的类型及应用

（一）黑色金属材料

1.钢产品的分类

（1）液态钢

液态钢（即生铁）	生铁在熔融条件下可进一步处理成钢或铸铁。生铁的交货形式：①液态铁水的形式；②铸锭及类似的固体块或颗粒等固态铸铁的形式。

（2）钢锭和半成品

钢的分类	①按化学成分的分类：非合金钢、低合金钢、合金钢。②按主要质量等级，非合金钢的分类：普通非合金钢、优质非合金钢、特殊质量非合金钢。
铸铁	根据《铸铁牌号表示方法》（GB/T 5612—2008）的规定，当以力学性能表示铸铁的牌号，且牌号中有合金元素符号时，抗拉强度值排列于元素符号及含量之后，之间用"–"隔开。例如：抗磨球墨铸铁牌号为QTM Mn8–300。
铸钢	根据《铸钢牌号表示方法》（GB/T 5613—2014）的规定，在牌号中"ZG"后面的两组数字表示力学性能，第一组数字表示该牌号铸钢的屈服强度最低值，第二组数字表示其抗拉强度最低值，单位均为MPa，两组数字间用"–"隔开。非合金铸钢分为铸造碳钢、焊接结构用铸钢，牌号表示方法分别为ZG270–500、ZGH230–450。

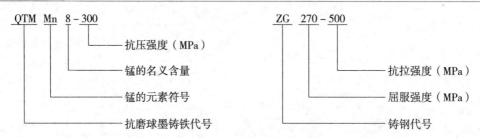
铸铁及铸钢的牌号含义示意图

（3）轧制成品和最终产品

型钢	根据《热轧型钢》（GB/T 706—2016）的规定，按截面尺寸、形状范围，热轧型钢的分类：工字钢、槽钢、等边角钢、不等边角钢等。
冷弯型钢	根据《冷弯型钢通用技术要求》（GB/T 6725—2017）的规定，冷弯型钢的表面不得有裂纹、结疤、折叠、夹渣和端面分层，允许有深度（高度）不超过厚度公差之半的局部麻点、划痕及其他轻微缺陷，但应保证型钢缺陷处的最小厚度。
阀门	阀门的分类： ①按驱动压力的分类：手动阀门、电动阀门、液压或气动阀门。 ②按温度和压力的分类：低（中、高、超高）压阀门；高（中、常、低、超低）温阀门。 根据《阀门型号编制方法》（GB/T 32808—2016）的规定，阀门型号由阀门类型、驱动方式、连接形式、结构形式、密封面或衬里材料、压力、阀体材料七部分组成。 阀门铸铁件可由碳素钢铸铁、灰铸铁、球墨铸铁、可锻铸铁为原料。

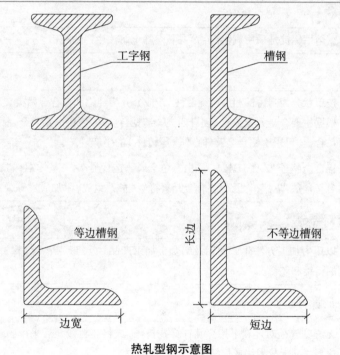

热轧型钢示意图

（4）其他产品

分类	管件、弯管、钢盘条、供暖系统的铸铁件等。

2.特种设备用非合金钢管板和钢管的牌号

牌号	含义
Q245	"Q"为屈服强度首字母，"245"代表最小屈服强度值为245 MPa（或N/mm²）。
20	"20"表示平均含碳量为0.002。

（续表）

牌号	含义
20MnG	"Mn"表示较高含锰量的优质非合金钢，"G"表示锅炉用钢管。
L210	"L"表示管线用钢，"210"代表最小屈服强度值为210 MPa（或 N/mm²）。

（二）有色金属

1.有色金属的含义

相关含义	有色金属又称为非铁金属，是铁、锰、铬以外的所有金属的统称。 铝、镁、钛、铜、锆、钴、镍、锌、锡、铅等有色金属冶炼产品的类别：阴极铜、重熔用铝锭、锌锭、铅锭、锡锭、电解镍等有色金属及其合金。

2.铝及铝合金

（1）重熔用铝锭

含义	重熔用铝锭是采用氧化铝–冰晶石熔盐电解法生产的纯铝。

（2）铸造铝合金

分类	按形状分为圆铸锭和扁铸锭两种，按成分分为纯铝和铝合金两类。 根据主要合金元素差异，现有四类铸造铝合金产品：铝硅系合金、铝铜合金、铝镁合金、铝锌系合金，可用于铝合金铸件（不含压铸件）的生产。
牌号	铝合金牌号"ZAlSi7MgA"是由有色金属铸造代号"Z"、基体铝–硅的元素符号"AlSi"、硅的名义含量"7%"，以及主要合金元素符号"Mg"组成，附加质量等级"A"。

（3）变形铝及铝合金

生产	以压力加工方法生产的铝及铝合金加工产品（板、带、箔、管、棒、型、线和锻件）及其所用的铸锭和坯料。

（4）铝及铝合金管材

生产	无缝圆管是对坯料采用穿孔针穿孔挤压，或将坯料镗孔后采用固定针穿孔挤压，所得内孔边界之间无分界线或焊缝的管材。 有缝管材对坯料不采用穿孔挤压，而是采用分流组合模或桥式组合模挤压，所得内孔边界之间有一条或多条分界线或焊缝的管材（包括圆管、矩形管及正多边形管）。

（5）铝及铝合金建材型材

分类	铝合金建筑型材的分类：基材、阳极氧化型材、电泳涂漆型材、喷粉型材、隔热型材。隔热型材常被称为断桥铝合金，它是以低热导率的非金属材料连接铝合金建筑型材制成的具有隔热、隔冷功能的复合材料。

3.其他有色金属和贵重金属

其他有色金属	机电安装工程还涉及的有色金属材料:铜、钛、镁、镍、锆金属及其合金。
贵重金属	贵金属主要指金、银和铂族金属。按照生产过程,并兼顾到某种产品的特定用途,贵金属及其合金牌号分为冶炼产品、加工产品、复合材料、粉末产品、钎焊料五类。

二、非金属材料的类型及应用

(一)非金属材料的类型

1.高分子材料

(1)塑料

	类别	特性	主要用途
通用塑料	聚乙烯(PE)	HDPE有较好的热性能、电性能和机械性能。 LDPE和LLDPE有较好的柔韧性、冲击性能、成膜性等。	HDPE的用途比较广泛,可用于薄膜、管材、注射日用品等多个领域。 LDPE和LLDPE主要用于包装用薄膜、农用薄膜、塑料改性等。
	聚丙烯(PP)	均聚聚丙烯(HOMOPP)主要用在拉丝、纤维、注射、BOPP膜等领域。 嵌段共聚聚丙烯(COPP)主要应用于家用电器、注射件、改性原料、日用注射产品、管材等。 无规共聚聚丙烯(RAPP)主要用于透明制品、高性能产品、高性能管材等。	
	聚氯乙烯(PVC)	具有自阻燃的特性。	在下水道管材、塑钢门窗、板材、人造皮革等方面用途最为广泛。
	聚苯乙烯(PS)	透明。	汽车灯罩、日用透明件、透明杯、罐等。
工程塑料	ABS塑料	可燃、热变形温度较低、耐候性较差、不透明等。	机器零件、各种仪表的外壳、设备衬里等。
	聚酰胺(PA)	吸湿性大、对强酸、强碱、酚类等抵抗力较差,易老化。	常用于代替铜及其他有色金属制作机械、化工、电器零件,如齿轮、轴承、油管、密封圈等。
	聚碳酸酯(PC)	耐候性不够理想,长期暴晒容易出现裂纹。	主要应用于机械、电气等行业,如机械行业中的轴承、齿轮、蜗轮、蜗杆等传动零件;电气工业中高绝缘的垫圈、垫片、电容器等。
特种塑料	氟塑料和有机硅塑料	具有突出的耐高温、自润滑等特殊性能。	可用于航空、航天等特殊应用领域。
	增强塑料和泡沫塑料	具有高强度、高缓冲性等特殊性能。	

（2）橡胶

通用橡胶	性能与天然橡胶相同或接近，物理性能和加工性能较好，用于制造软管、密封件、传送带等一般制品使用的橡胶，如天然橡胶、丁苯橡胶、顺丁橡胶、氯丁橡胶等。
特种橡胶	具有特殊性能，专供耐热、耐寒、耐化学腐蚀、耐油、耐溶剂、耐辐射等特殊性能要求使用的橡胶，如硅橡胶、氟橡胶、聚氨酯橡胶、丁腈橡胶等。

（3）涂料

涂料	按其是否有颜色可分为清漆和色漆。 按其涂膜的特殊功能可分为绝缘漆、防锈漆、防腐蚀漆等。 根据成膜物质不同可分为油脂涂料、天然树脂涂料和合成树脂涂料。

（4）其他

高分子粘结剂	分为天然粘结剂和合成粘结剂两种，应用较多的是合成粘结剂。
功能高分子材料	功能高分子材料除具有聚合物的一般力学性能、绝缘性能和热性能外，还具有物质、能量和信息转换、磁性、传递和储存等特殊功能。
纤维	天然纤维：蚕丝、棉、麻、毛等。 化学纤维：以天然高分子或合成高分子为原料，经过纺丝和后处理制得。

2.无机非金属材料

普通（传统）的非金属材料	传统无机非金属材料具有性质稳定、抗腐蚀耐高温等优点，但质脆，经不起热冲击。 主要类型：水泥、玻璃、陶瓷和耐火材料等。
特种（新型）的无机非金属材料	新型无机非金属材料除具有传统无机非金属材料的优点外，还具有的特征：强度高，具有电学、光学特性和生物功能等。 主要类型：先进陶瓷、非晶态材料、人工晶体、无机涂层、无机纤维等。

（二）机电工程中常用的非金属材料及使用范围

1.砌筑材料、绝热材料和防腐材料

砌筑材料	一般用于各类型炉窑砌筑工程等，例如：各种类型的锅炉炉墙砌筑、各种类型的冶炼炉砌筑、各种类型的窑炉砌筑等。
绝热材料	常用于保温、保冷的各类容器、管道、通风空调管道等绝热工程。
防腐材料	①陶瓷制品：用于管件、阀门、管材、泵用零件、轴承等。 ②油漆及涂料：无机富锌漆、防锈底漆广泛用于设备管道工程中。 ③塑料制品：用于建筑管道、电线导管、化工耐腐蚀零件及热交换器等。 ④橡胶制品：用于密封件、衬板、衬里等。 ⑤玻璃钢及其制品：以玻璃纤维为增强剂，以合成树脂为粘结剂制成的复合材料，主要用于石油化工耐腐蚀耐压容器及管道等。

2.非金属风管

类别	工作环境				
	空调系统	洁净空调系统	潮湿环境	酸碱环境	防排烟系统
酚醛复合风管	低、中压	不适用	适用	不适用	不适用
聚氨酯复合风管	低、中、高压		适用	不适用	不适用
玻璃纤维复合风管	低、中压	不适用	相对湿度≤90%	不适用	不适用
硬聚氯乙烯风管	—	—	—	洁净室含酸碱的排风系统	

3.塑料及复合材料水管

类别	特性	主要用途
硬聚氯乙烯管	内壁光滑阻力小、不结垢,无毒、无污染,耐腐蚀。使用温度≤40℃,故为冷水管。抗老化性能好、难燃,可采用橡胶圈柔性接口安装。	主要用于给水管道(非饮用水)、排水管道、雨水管道。
氯化聚氯乙烯管	高温机械强度高,适于受压的场合。	主要应用于冷热水管、消防水管系统、工业管道系统。
无规共聚聚丙烯管	无毒,无害,不生锈,不腐蚀,有高度的耐酸性和耐氯化物性。 适合采用嵌墙和地坪面层内的直埋暗敷方式,水流阻力小。	主要应用于饮用水管、冷热水管。
丁烯管	有较高的强度,韧性好,无毒。	应用于饮用水、冷热水管,特别适用于薄壁、小口径压力管道。
交联聚乙烯管	无毒,卫生,透明。	主要用于地板辐射供暖系统的盘管。
铝塑复合管	安全无毒,耐腐蚀,不结垢,流量大,阻力小,寿命长,柔性好,弯曲后不反弹,安装简单。	应用于饮用水,冷、热水管。
塑复铜管	无毒,抗菌卫生,不腐蚀,不结垢,水质好,流量大,强度高,刚性大,耐热,抗冻,耐久,长期使用温度范围宽(-70~100℃),比铜管保温性能好。	主要用于工业及生活饮用水,冷、热水输送管道。

4.粘合剂和新型高分子材料

粘合剂	现代粘合剂按其使用方式的分类:①聚合型,如环氧树脂;②热熔型,如尼龙、聚乙烯;③加压型,如天然橡胶;④水溶型,如淀粉。
新型高分子材料	①光功能材料:可以对光进行吸收和转换,或者透射和储存。 ②高分子分离膜材料:典型特征是选择透过性。 ③高分子复合材料:可以同时具备耐高温和高强度等多种优点。 ④高分子磁性材料:已经渗透进了人类生活的各个领域,在医疗行业以及工业行业都做出了重大的贡献。

三、电气材料的类型及应用

(一)导线

1.裸导线

裸绞线	裸绞线主要用于架空线路,具有良好的导电性能和足够的机械强度。 常用的有铝绞线和钢芯铝绞线,钢芯铝绞线用于各种电压等级的长距离输电线路,抗拉强度大。铝绞线一般用于短距离电力线路。
型线	矩形硬铜母线(TMY型)和硬铝母线(LMY型)用于变配电系统中的汇流排装置和车间低压架空母线等。扁钢用于接地线和接闪线。

2.绝缘导线

型号	名称	用途
BX(BLX)	橡胶铜(铝)芯线	适用于交流≤500 V、直流≤1 000 V的电气设备和照明设备。
BXR	橡胶铜芯软线	
BV(BLV)	聚氯乙烯铜(铝)芯线	适用于各种设备、动力、照明的线路固定敷设。
BVR	聚氯乙烯铜芯软线	
BVV(BLVV)	聚氯乙烯绝缘及护套铜(铝)芯线	
RVB	聚氯乙烯平行铜芯软线	适用于各种交直流电器、电工仪器、小型电动工具、家用电器装置的连接。
RVS	聚氯乙烯绞型铜芯软线	
RV	聚氯乙烯铜芯软线	
RVV	聚氯乙烯绝缘及护套铜芯软线	

注:BVV-0.5 kV-2×1.5 mm²,表示塑料护套铜芯线,额定电压500 V,2芯,截面1.5 mm²。

（二）电缆

1.电力电缆

阻燃电缆	根据电缆阻燃材料的不同,阻燃电缆分为含卤阻燃电缆及无卤低烟阻燃电缆。无卤低烟电缆燃烧时产生的烟尘较少,且不会发出有毒烟雾,燃烧时的腐蚀性较低,因此对环境产生危害很小。阻燃电缆分A、B、C三个类别,A类最高。 无卤低烟的聚烯烃材料主要采用氢氧化物作为阻燃剂,氢氧化物又称为碱,其特性是容易吸收空气中的水分(潮解)。潮解的结果是绝缘层的体积电阻系数大幅下降。
耐火电缆	耐火电缆是指在火焰燃烧情况下能够保持一定时间安全运行的电缆。分A、B两种类别,A类是在火焰温度950~1 000 ℃时,能持续供电时间90 min;B类是在火焰温度750~800 ℃时,能持续供电时间90 min。 当耐火电缆用于电缆密集的电缆隧道、电缆夹层中,或位于油管、油库附近等易燃场所时,应首先选用A类耐火电缆。
氧化镁电缆	氧化镁电缆是由铜芯、铜护套、氧化镁绝缘材料加工而成的。氧化镁电缆防火性能特佳、耐高温、防爆、载流量大、防水性能好、机械强度高、寿命长、具有良好的接地性能等,但价格贵、工艺复杂、施工难度大。 牌号:BTTZ-5×1×25,表示重型铜护套氧化镁绝缘铜芯电力电缆,5根单芯25 mm^2。
分支电缆	订购分支电缆时,应根据建筑电气设计图确定各配电柜位置,提供主电缆的型号、规格及总有效长度;各分支电缆的型号、规格及各段有效长度;各分支接头在主电缆上的位置(尺寸);安装方式(垂直沿墙敷设、水平架空敷设等);所需分支电缆吊头、横梁吊挂等附件型号、规格和数量。
铝合金电缆	铝合金电缆是国内一种新颖的电缆,电缆的结构形式主要有非铠装和铠装两大类,带PVC护套和不带PVC护套的,其芯线则采用高强度、抗蠕变、高导电率的铝合金材料。 非嵌装铝合金电力电缆可替代YJV型电力电缆,适用于室内、隧道、电缆沟等场所的敷设,不能承受机械外力;嵌装铝合金电力电缆可替代YJV$_{22}$型电力电缆,适用于隧道、电缆沟、竖井或埋地敷设,能承受较大的机械外力和拉力。

2.控制电缆和仪表电缆

控制电缆	控制电缆的绝缘层材质,分为聚氯乙烯、聚乙烯和橡胶。以聚乙烯为绝缘层的控制电缆电性能最好,可应用于高频线路。 KVV、KVVP等,主要用于交流500 V、直流1 000 V及以下的控制、信号、保护及测量线路;KVVP用于敷设室内、电缆沟等要求屏蔽的场所;KVV$_{22}$等用于敷设在电缆沟、直埋地等能承受较大机械外力的场所;KVVR、KVVRP等敷设于室内要求移动的场所。
仪表电缆	阻燃仪表电缆具有防干扰性能高、电气性能稳定,能可靠地传送数字信号和模拟信号,兼有阻燃等特点,所以广泛应用于电站、矿山和石油化工等部门的检测和控制系统上。常固定敷设于室内、隧道内、管道中或户外托架中。

(三)母线槽

1.母线槽的分类及应用

分类	母线槽按绝缘方式可分为空气型母线槽、紧密型母线槽和高强度母线槽三种;按导电材料分为铜母线槽和铝母线槽;按防火能力可分为普通型母线槽和耐火型母线槽。
应用	空气型母线槽不能用于垂直安装,因存在烟囱效应。 耐火型母线槽专供消防设备电源的使用,除应通过CCC认证外,还应有国家认可的检测机构出具的型式检验报告。

2.母线槽的选用

要求1	高层建筑的垂直输配电应选用紧密型母线槽,可防止烟囱效应,其导体应选用长期工作温度≥130 ℃的阻燃材料包覆。 应急电源应选用耐火型母线槽,且不准释放出危及人身安全的有毒气体。
要求2	大容量母线槽可选用散热好的紧密型母线槽,若选用空气型母线槽,应采用只有在专用工作场所才能使用的IP30的外壳防护等级。
要求3	一般室内正常环境可选用防护等级为IP40的母线槽,消防喷淋区域应选用防护等级为IP54或IP66的母线槽。

(四)绝缘材料

按物理状态分类	①气体绝缘材料:空气、氮气、二氧化硫和六氟化硫(SF_6)等。 ②液体绝缘材料:变压器油、断路器油、电容器油、电缆油等。 ③固体绝缘材料:绝缘漆、胶和熔敷粉末;纸、纸板等绝缘纤维制品;漆布、漆管和绑扎带等绝缘浸渍纤维制品;绝缘云母制品;电工用薄膜、复合制品和粘带;电工用层压制品;电工用塑料和橡胶等。
按化学性质分类	①无机绝缘材料:有云母、石棉、大理石、瓷器、玻璃和硫黄等。主要用作电机和电器绝缘、开关的底板和绝缘子等。 ②有机绝缘材料:有矿物油、虫胶、树脂、橡胶、棉纱、纸、麻、蚕丝和人造丝等。大多用于制造绝缘漆、绕组和导线的被覆绝缘物等。 ③混合绝缘材料:由无机绝缘材料和有机绝缘材料经加工后制成的各种成型绝缘材料。主要用作电器的底座、外壳等。

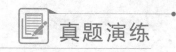 真题演练

多选题

[2015年] 下列关于控制电缆的说法,正确的有(   )。

A.芯线的截面一般在 10 mm² 以下

B.芯线材质多为铜导体

C.芯线的绞合主要采用对绞线

D.允许的工作温度为 95 ℃

E.绝缘层材质可采用聚乙烯

【答案】ABE。解析:控制电缆的绝缘芯主要采用同心式绞合,也有部分控制电缆采用对绞式。选项C错误。控制电缆线芯长期允许的工作温度为 65 ℃。选项D错误。

1.2 机电工程常用工程设备

 考点速记

一、通用工程设备的分类和性能

1.泵、风机和压缩机

设备	划分标准	类别	性能参数
泵	工作原理和结构形式	①容积式泵:往复泵有活塞泵、柱塞泵;回转泵有齿轮泵、螺杆泵和叶片泵。 ②叶轮式泵:离心泵、轴流泵和旋涡泵。	流量、扬程、功率、效率、转速。
风机	气体在旋转叶轮内部流动方向	离心式风机、轴流式风机、混流式风机。	流量(又称为风量)、全风压、动压、静压、功率、效率、转速、比转速等。
风机	结构形式	单级风机、多级风机。	流量(又称为风量)、全风压、动压、静压、功率、效率、转速、比转速等。
风机	排气压强	通风机、鼓风机、压气机。	流量(又称为风量)、全风压、动压、静压、功率、效率、转速、比转速等。
压缩机	压缩气体方式	①容积式压缩机:往复式压缩机、回转式压缩机。 ②动力式压缩机:轴流式压缩机、离心式压缩机和混流式压缩机。	容积、流量、吸气压力、排气压力、工作效率、噪声。

2.连续输送设备

具有挠性牵引件的输送设备	带式输送机、板式输送机、刮板式输送机、提升机、架空索道等。
无挠性牵引件的输送设备	螺旋输送机、辊子输送机、振动输送机、气力输送机等。

二、专用工程设备的分类和性能

1.电力设备

风力发电设备	按照驱动方式,可分为直驱风电机组和双馈式风电机组。
光伏发电系统	独立光伏发电系统、并网光伏发电系统和分布式光伏发电系统。
塔式太阳能光热发电设备	镜场设备(包括反射镜和跟踪设备)、集热塔(吸热塔)、热储存设备、热交换设备和发电常规岛设备。

2.石油化工设备

反应设备	反应器、反应釜、分解锅、聚合釜等。
换热设备	管壳式余热锅炉、热交换器、冷却器、冷凝器、蒸发器等。
分离设备	分离器、过滤器、集油器、缓冲器、洗涤器等。
储存设备	各种形式的储槽、储罐等。

3.建材设备

水泥设备	水泥设备主要是"一窑三磨",包括:回转窑、生料磨、煤磨、水泥磨。
浮法玻璃生产线	主要工艺设备包括:玻璃熔窑、锡槽、退火窑及冷端的切装系统。

三、电气工程设备的分类和性能

1.电动机的分类和性能

(交流)同步电动机	常用于拖动恒速运转的大、中型低速机械。 优点:转速恒定及功率因数可调。 缺点:结构较复杂、价格较贵。
(交流)异步电动机	优点:结构简单、制造容易、价格低廉、运行可靠、维护方便、坚固耐用等。 缺点:①与直流电动机相比,其启动性和调速性能较差;②与(交流)同步电动机相比,其功率因数不高,在运行时必须向电网吸收滞后的无功功率,对电网运行不利。
直流电动机	常用于拖动对调速要求较高的生产机械。 优点:较大的启动转矩和良好的启动、制动性能,在较宽范围内可实现平滑调速。 缺点:结构复杂,价格高。

2.变压器

分类	①按冷却方式划分:自然风冷却、强迫油循环风冷却、强迫油循环水冷却、强迫导向油循环冷却。 ②按变压器的冷却介质分类划分:油浸式变压器、干式变压器、充气式变压器等。 ③按每相绕组数的不同划分:双绕组变压器、三绕组变压器和自耦变压器等。 ④按变压器的用途不同划分:电力变压器、电炉变压器、整流变压器、电焊变压器、船用变压器、量测变压器等。
技术参数	额定容量、额定电压、额定电流、短路阻抗、连接组别、绝缘等级和冷却方式等。

3.低压、高压电器及成套装置的分类和性能

分类	低压电器:交流电压≤1 000 V、直流电压≤1 500 V。 高压电器:交流电压>1 000 V、直流电压>1 500 V。
性能	通断、保护、控制和调节四大性能。

4.电工测量仪器仪表的分类和性能

分类	指示仪表、比较仪器。
性能	以集成电路为核心的数字式仪表、以微处理器为核心的智能测量仪表,不仅具有常规仪表的测量和显示功能,而且通常都带有参数设置、界面切换、数据通信等性能。

 真题演练

一、单选题

1.[2019年]下列变压器中,不属于按用途分类的是(　　)。

A.电力变压器　　　　　　　　　　B.油浸变压器

C.整流变压器　　　　　　　　　　D.量测变压器

【答案】B。

2.[2018年]用于完成介质间热量交换的换热设备是(　　)。

A.分离器　　　　　　　　　　　　B.反应器

C.冷凝器　　　　　　　　　　　　D.分解锅

【答案】C。

二、多选题

[2016年]变压器的主要技术参数有(　　)。

A.连接组别　　　　　　　　　　　B.容量

C.绝缘方式　　　　　　　　　　　D.功率

E.阻抗

【答案】ABE。

第二章 机电工程专业技术

知识图谱

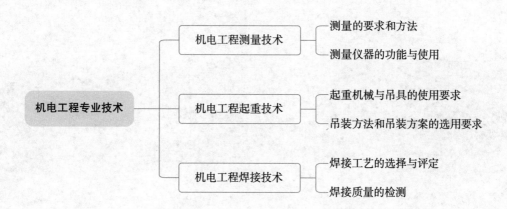

考情速览

章节考点	历年考点分值分布				
	2019年	2018年	2017年	2016年	2015年
机电工程测量技术	1	1	1	1	1
机电工程起重技术	7	6	1	1	1
机电工程焊接技术	2	1	1	6	1

2.1 机电工程测量技术

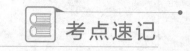
考点速记

一、测量的要求和方法

（一）工程测量的内容、原则与要求

内容	工程测量包括对建（构）筑物施工放样、建（构）筑物变形监测、工程竣工测量等。
原则	遵循"由整体到局部，先控制后细部"的原则，即先依据建设单位提供的永久基准点、线为基准，然后测设出各个部位设备的准确位置。
要求	①以工程为对象，做好控制点布测。 ②保证测设精度，减少误差累积，满足设计要求。 ③检核是测量工作的灵魂，必须加强外业和内业的检核工作。 检核类型：仪器检核、资料检核、计算检核、放样检核和验收检核。

（二）工程测量的原理

1.水准测量

高差法	采用水准仪和水准尺测定待测点与已知点之间的高差，通过计算得到待定点高程的方法。 **注**：示意图中已知A点高程。
仪高法	采用水准仪和水准尺，只需计算一次水准仪高程，就可以简便地测算几个前视点高程。 **注**：示意图中已知O点高程。

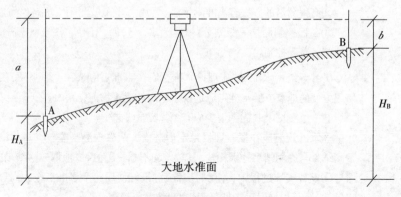

高差法测量示意图（ $H_B=H_A+a-b$ ）

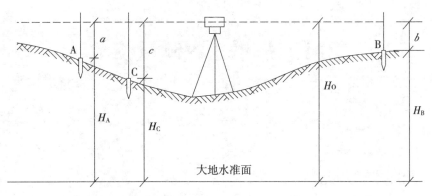

仪高法测量示意图（$H_A=H_0-a$、$H_B=H_0-b$、$H_C=H_0-c$）

2.基准线测量

原理	基准线测量原理是利用经纬仪和检定钢尺,根据两点成一直线原理测定基准线。测定待定位点的方法有水平角测量和竖直角测量。每两个点位都可连成一条直线（或基准线）。
要求	①平面安装基准线不少于纵、横两条。 ②相邻安装基准点高差应在 0.5 mm 以内。 ③沉降观测采用二等水准测量方法。每隔适当距离选定一个基准点与起算基准点组成水准环线。例如:对于埋设在基础上的基准点,在埋设后就开始第一次观测,随后的观测在设备安装期间连续进行。

（三）工程测量的程序和方法

1.工程测量的程序

2.高程控制测量

高程控制点布设原则	①测区的高程系统,宜采用国家高程基准。在已有高程控制网的地区进行测量时,可沿用原高程系统。当小测区联测有困难时,亦可采用假定高程系统。 ②高程测量的方法有水准测量法（常用）、电磁波测距三角高程测量法。 ③高程控制测量等级划分:依次为二、三、四、五等。各等级视需要,均可作为测区的首级高程控制。
高程水准测量法要求	①各等级的水准点,应埋设水准标石。水准点应选在土质坚硬、便于长期保存和使用方便的地点。墙水准点应选设于稳定的建筑物上,点位应便于寻找、保存和引测。 ②一个测区及其周围至少应有 3 个水准点。 ③水准观测应在标石埋设稳定后进行。两次观测高差较大且超限时应重测。当重测结果与原测结果分别比较,其较差均不超过限值时,应取三次结果的平均数。 ④设备安装过程中,测量时应注意:最好使用一个水准点作为高程起算点。当厂房较大时,可以增设水准点,但其观测精度应提高。

（四）机电工程中常见的工程测量

设备基础的测量工作	设备基础位置的确认→设备基础放线→标高基准点的确立→设备基础标高测量。
连续生产设备安装的测量	安装基准线的测设：中心标板应在浇灌基础时，配合土建埋设，也可待基础养护期满后再埋设。放线就是根据施工图，按建筑物的定位轴线来测定机械设备的纵、横中心线并标注在中心标板上，作为设备安装的基准线。设备安装平面线不少于纵、横两条。 安装标高基准点的测设：标高基准点一般埋设在基础边缘且便于观测的位置。标高基准点的种类：①简单的标高基准点（一般作为独立设备安装的基准点）；②预埋标高基准点（主要用于连续生产线上的设备在安装时使用）。采用钢制标高基准点的要求：位于靠近设备基础边缘便于测量处，不允许埋设在设备底板下面的基础表面。 连续生产设备只能共用一条纵向基准线和一个预埋标高基准点。
管线工程的测量	管线中心定位的测量方法：定位时可根据地面上已有建筑物进行管线定位，也可根据控制点进行管线定位。例如：管线的起点、终点及转折点称为管道的主点。 管线高程控制的测量：水准点一般都选在旧建筑物墙角、台阶和基岩等处。如无适当的地物，应提前埋设临时标桩作为水准点。 地下管线工程测量：地下管线工程测量必须在回填前，测量出起、止点，窨井的坐标和管顶标高。
长距离输电线路钢塔架（铁塔）基础施工的测量	钢塔架基础中心桩测设的依据：起、止点和转折点；沿途障碍物的实际情况。 中心桩测定方法：十字线法或平行基线法。 当采用钢尺量距时，其丈量长度（l）的范围宜为：$20\text{ m} \leqslant l \leqslant 80\text{ m}$。 一段架空送电线路的测量视距长度，宜$\leqslant 400\text{ m}$。 大跨越档距测量方法：电磁波测距法测量、解析法测量。

二、测量仪器的功能与使用

1.水准仪、经纬仪、全站仪

水准仪	按构造分为定镜水准仪、转镜水准仪、微倾水准仪、自动安平水准仪。 水准仪是测量两点间高差的仪器，广泛用于控制、地形和施工放样等测量工作。
经纬仪	按读数设备分为游标经纬仪、光学经纬仪和电子（自动显示）经纬仪。 经纬仪的主要功能是测量水平角和竖直角。应用：①光学经纬仪主要应用于机电工程建（构）筑物建立平面控制网的测量以及厂房（车间）柱安装垂直度的控制测量；②在机电安装工程中，用于测量纵向、横向中心线，建立安装测量控制网并在安装全过程进行测量控制。
全站仪	与普通测量方法相比，采用全站仪进行水平距离测量时省去了钢卷尺。 用途：角度测量、距离（斜距、平距、高差）测量、三维坐标测量、导线测量、交会定点测量和放样测量等。

2.其他测量仪器

电磁波测距仪	按其所采用的载波的分类:①用微波段的无线电波作为载波的微波测距仪;②用激光作为载波的激光测距仪;③用红外光作为载波的红外测距仪。②和③又统称为光电测距仪。 测程在5~20 km的称为中程测距仪,测程在5 km之内的为短程测距仪。精度一般为5 mm+5 ppm,具有小型、轻便、精度高等特点。
激光准直仪和激光指向仪	两者构造相近,用于沟渠、隧道或管道施工、大型机械安装、建筑物变形观测。
激光准直(铅直)仪	①用于高层建筑、烟囱、电梯等施工过程中的垂直定位及以后的倾斜观测。 ②应用于大直径、长距离、回转型设备同心度的找正测量以及高塔体、高塔架安装过程中同心度的测量控制。
激光经纬仪	用于施工及设备安装中的定线、定位和测设已知角度。
激光水准仪	普通水准仪的功能+准直导向。
激光平面仪	适用于提升施工的滑模平台、网形屋架的水平控制和大面积混凝土楼板支模、灌注及抄平工作。
全球定位系统(GPS)	GPS具有全天候、高精度、自动化、高效率等显著特点,广泛应用于大地测量、城市和矿山控制测量、建(构)筑物变形测量及水下地形测量等。

真题演练

单选题

1. [2019年] 地下管线工程回填前,不需要测量的项目是(   )。

A.管线起点坐标   B.窨井位置坐标

C.管线顶端标高   D.管线中心标高

【答案】D。

2. [2018年] 工程测量的核心是(   )。

A.测量精度   B.设计要求

C.减少误差累积   D.检核

【答案】D。

3. [2017年] 关于长距离输电线路铁塔基础设施测量的说法,正确的是(   )。

A.根据沿途实际情况测设铁塔基础

B.采用钢尺量距时的丈量长度适宜于80~100 m

C.一段架空线路的测量视距长度不宜超过400 m

D.大跨越档距之间不宜采用解析法测量

【答案】C。

4.［2016年］埋没在基础上的沉降观测点,第一次观测应在( )进行。

A.观测点埋设后 B.设备底座就位后

C.设备安装完成后 D.设备调整后

【答案】A。

5.［2015年］水准测量采用高差法时,待定点的高程是通过( )。

A.调整水准仪高度得出 B.计算得出

C.水准尺直接读出 D.微调补偿器得出

【答案】B。

2.2 机电工程起重技术

考点速记

一、起重机械与吊具的使用要求

（一）起重机械与吊具的分类

1.起重机械

轻小型起重设备	千斤顶、滑车、起重葫芦、卷扬机四大类。
起重机	①桥架型起重机:梁式起重机、桥式起重机、门式起重机、半门式起重机等。 ②臂架型起重机共分十一个类别,主要有:门座起重机和半门座起重机、塔式起重机、流动式起重机、铁路起重机、桅杆起重机、悬臂起重机等。
非常规起重机	桅杆起重机组成部分:桅杆本体(桅杆、基座及其附件);动力－起升系统;稳定系统。 其中,动力－起升系统主要由卷扬机、钢丝绳(跑绳)、起重滑车组、导向滑车等组成;稳定系统主要包括缆风绳、地锚等(缆风绳与地面的夹角应在30°~45°)。

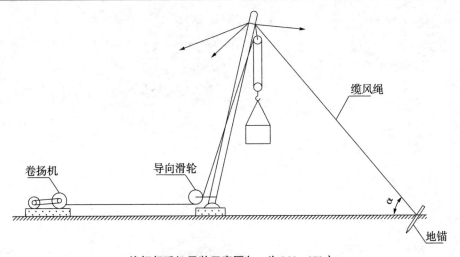

桅杆起重机吊装示意图(α 为30°~45°)

2.吊具

分类	起重吊具按照与起重机械的连接方式分为可分吊具和固定吊具。 起重吊具按照取物方式分为夹持类、吊挂类、托叉类、吸附类、抓斗及上述种类的组合。

3.吊耳

分类	吊耳的结构形式应根据设备的特点及吊装工艺确定,常采用有吊盖式、管轴式和板式等。

(二)起重机械与吊具的使用要求

1.起重滑车、卷扬机的使用要求

起重滑车	①多轮滑车仅使用其部分滑轮时,滑车的起重能力应按使用的轮数与滑车全部轮数的比例进行折减。 ②滑车组动、定(静)滑车的最小距离≥1.5 m;跑绳进入滑轮的偏角宜≤5°。 ③滑车组穿绕跑绳的方法有顺穿、花穿、双抽头穿法(滑车的轮数>5个时采用)。若采用花穿的方式,应适当加大上、下滑轮之间的净距。
卷扬机	①起重吊装中一般采用电动慢速卷扬机。选用卷扬机的主要参数有额定载荷、容绳量和额定速度。 ②卷扬机安装在平坦、开阔、前方无障碍且离吊装中心稍远一些的地方。用桅杆吊装时,离开的距离必须大于桅杆的长度。 ③卷扬机的固定应牢靠,严防倾覆和移动。可用地锚、建筑物基础和重物施压等为锚固点。绑缚卷扬机底座的固定绳索应从两侧引出,以防底座受力后移动。卷扬机固定后,应按其使用负荷进行预拉。 ④由卷筒到第一个导向滑车的水平直线距离应大于卷筒长度的25倍,且该导向滑车应设在卷筒的中垂线上,以保证卷筒的入绳角<2°。 ⑤卷扬机上的钢丝绳应从卷筒底部放出,余留在卷筒上的钢丝绳不应少于4圈。当在卷筒上缠绕多层钢丝绳时,应使钢丝绳始终顺序地逐层紧缠在卷筒上,最外一层钢丝绳应低于卷筒两端凸缘一个绳径的高度。

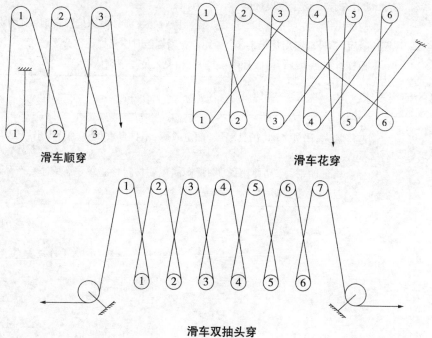

滑车顺穿   滑车花穿

滑车双抽头穿

2. 流动式起重机的使用要求

一般要求	①单台起重机吊装的计算载荷应＜其额定载荷。 ②起重机应根据其性能选择合理的工况。 ③起重机吊装站立位置的地基承载力应满足使用要求。 ④使用超起工况作业时，应满足超起系统改变工作半径（伸缩、旋转）必备的场地和空间需要。 ⑤吊臂与设备外部附件的安全距离应≥500 mm。 ⑥起重机、设备与周围设施的安全距离应≥500 mm。 ⑦起重机提升的最小高度应使设备底部与基础或地脚螺栓顶部至少保持200 mm的安全距离。 ⑧两台起重机做主吊吊装时，吊重应分配合理，单台起重机的载荷宜≤其额定载荷的80%，必要时应采取平衡措施。例如：应限定起升速度及旋转速度。 ⑨多台起重机械的操作应制定联合起升作业计划，还应包括仔细估算每台起重机按比例所搬运的载荷。基本要求是确保起升钢丝绳保持垂直状态；多台起重机所受的合力应≤各台起重机单独起升操作时的额定载荷。

3. 桅杆起重机的使用要求

使用要求	①桅杆使用应具备质量和安全合格的文件：制造质量证明书；制造图、使用说明书；载荷试验报告；安全检验合格证书。 ②桅杆应严格按照使用说明书的规定使用。若不在使用说明书规定的性能范围内（包括桅杆使用长度、倾斜角度和主吊滑车张角角度三项指标中的任何一项）使用，则应根据使用条件对桅杆进行全面核算。 ③桅杆的使用长度应根据吊装设备、构件的高度确定。桅杆的直线度偏差应≤长度的1/1 000，总长偏差应≤20 mm。 ④应使用设计指定的螺栓，安装螺栓前应对螺纹部分涂抹抗咬合剂或润滑脂。连接螺栓拧紧后，螺杆应露出螺母3~5个螺距。拧紧螺栓时应对称逐次交叉进行。 ⑤桅杆组装后应履行验收程序，并应有相关人员签字确认。

4. 吊具的使用要求

梁式吊具产品标志	制造厂名称、吊具名称、吊具型号、额定载荷、吊具自重、出厂编号、出厂日期。
梁式吊具出厂文件	产品合格证明书、产品使用说明书、产品主要材料检验单（需要时）、产品试验报告（需要时）、装箱单（需要时）。

5.其他

吊索	吊索选用钢丝绳的安全系数应≥6。 环索存在下列情况之一时,不得使用: ①禁吊标志处绳端露出,且无法修复。 ②绳股产生松弛或分离,且无法修复。 ③钢丝绳出现断丝、断股、钢丝挤出、单层股钢丝绳绳芯挤出、钢丝绳直径局部减小、绳股挤出或扭曲、扭结等缺陷。 ④无标牌。
吊耳	设备出厂前应按设计要求做吊耳检测,并出具检测报告,设备到场后应对吊耳外观质量进行检查,必要时进行无损检测。现场焊接的吊耳,其与设备连接的焊接部位应做表面渗透检测,检验按照《承压设备无损检测第5部分:渗透检测》(NB/T 47013.5—2015)进行,I级合格。 设备到场后,技术人员要对吊耳焊接位置及尺寸进行复测。
卸扣	①吊装施工中使用的卸扣应按额定负荷标记选用,不得超载使用,无标记的卸扣不得使用。 ②卸扣表面应光滑,不得有毛刺、裂纹、尖角、夹层等缺陷,不得利用焊接的方法修补卸扣的缺陷。 ③卸扣使用前应进行外观检查,发现有永久变形或裂纹应报废。 ④使用卸扣时,只应承受纵向拉力。

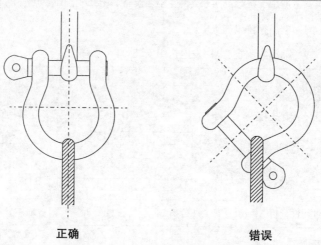

正确   错误

卸扣吊装示意图

6.地锚的结构形式及使用范围

结构形式	使用范围
全埋式地锚	全埋式地锚适用于有开挖条件的场地。全埋式地锚可以承受较大的拉力,多在大型吊装中使用。

（续表）

结构形式	使用范围
压重式活动地锚	压重式活动地锚适用于地下水位较高或土质较软等不便深度开挖的场地。小型压重式活动地锚承受的力不大，多在改、扩建工程的吊装作业中使用。

注：①所有地锚均必须进行承载试验，并应有足够大的安全裕度。②在施工中，利用已有建筑物作为地锚，如混凝土基础、混凝土构筑物等，应满足的条件：强度验算＋可靠的防护措施＋建筑物设计单位的书面认可。

二、吊装方法和吊装方案的选用要求

（一）常用的吊装方法

吊装方法	适用范围
无锚点推吊法	适用于施工现场障碍物较多，场地特别狭窄，周围环境复杂，设置缆风绳、锚点困难，难以采用大型桅杆进行吊装作业的基础在地面的高、重型设备或构件，特别是老厂扩建施工。
集群液压千斤顶整体提升（滑移）吊装法	适用于大型设备与构件。如大型屋盖、网架、钢天桥（廊）、电视塔钢桅杆天线等的吊装，大型龙门起重机主梁和设备整体提升，大型电视塔钢桅杆天线整体提升，大型机场航站楼、体育场馆钢屋架整体滑移等。
高空斜承索吊运法	适用于在超高空吊运中、小型设备、山区的上山索道。
万能杆件吊装法	常用于桥梁施工中。
液压顶升法	油罐的倒装、电厂发电机组安装。

（二）吊装方案

1.吊装方案的评价和选择

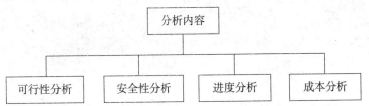

2.吊装方案管理

（1）编制与审批要求（分包单位编制专项施工方案）

工程类别	规模标准及编制、审批
危大工程	规模标准： ①采用非常规起重设备、方法，且单件起吊重量≥10 kN（1 t）的起重吊装工程。 ②采用起重机械进行安装的工程。 ③起重机械安装和拆卸工程。 编制、审批流程：专项施工方案编制→总承包单位技术负责人、分包单位技术负责人共同审核签字并加盖单位公章→总监理工程师审查签字、加盖执业印章。
超危大工程	规模标准： ①采用非常规起重设备、方法，且单件起吊重量≥100 kN（10 t）的起重吊装工程。 ②起重量≥300 kN（30 t），或搭设总高度≥200 m，或搭设基础标高≥200 m的起重机械安装和拆卸工程。 编制、审批流程：专项施工方案编制→通过施工单位（总承包单位、分包单位）审核和总监理工程师审查→施工单位（总承包单位）组织召开专家论证会→施工单位（总承包单位、分包单位）技术负责人签字、加盖单位公章→总监理工程师审查签字、加盖执业印章。

（2）其他管理要求

专家组成员	专家应当从地方人民政府住房城乡建设主管部门建立的专家库中选取，符合专业要求且人数≥5名。与本工程有利害关系的人员不得以专家身份参加专家论证会。
交底	专项施工方案实施前，编制人员或者项目技术负责人应当向施工现场管理人员进行方案交底。 施工现场管理人员应当向作业人员进行安全技术交底，并由双方和项目专职安全生产管理人员共同签字确认。
实施	施工单位应当对危大工程施工作业人员进行登记，项目负责人应当在施工现场履职。 项目专职安全生产管理人员应当对专项施工方案实施情况进行现场监督。

（三）流动式起重机的参数及应用

基本参数	主要参数：额定起重量、最大工作半径（幅度）和最大起升高度。 特殊情况下需要的参数：起重机的起重力矩、支腿最大压力、轮胎最大载荷、履带接地最大比压和抗风能力。
特性曲线	反映流动式起重机的起重能力或起升高度随臂长、工作半径的变化而变化的规律。 目前，大型吊车特性曲线已图表化。例如，吊车各种工况下的作业范围（或起升高度–工作范围）图和载荷（起重能力）表等。

（续表）

选用步骤	①根据设备或构件的重量、吊装高度和吊装幅度收集吊车的性能资料,收集可能租用的吊车信息。 ②根据吊车的站位、吊装位置和吊装现场环境,确定吊车使用工况及吊装通道。 ③根据吊装的工艺重量、吊车的站位、安装位置和现场环境、进出场通道等综合条件,按照各类吊车的外形尺寸和额定起重量图表,确定吊车的类型和使用工况。保证在选定工况下,吊车的工作能力涵盖吊装的工艺需求。 ④验算在选定的工况下,吊车的支腿、配重、吊臂和吊具、被吊物等与周围建筑物的安全距离。 ⑤按上述步骤进行优化,最终确定吊车工况参数。

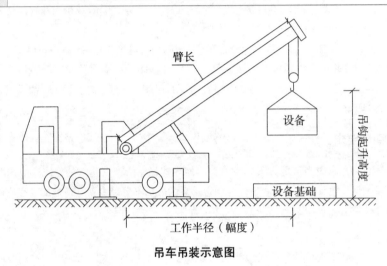

吊车吊装示意图

真题演练

一、单选题

1.［2018年］吊装作业若采取同类型、同规格起重机双机抬吊时,单机载荷最大不得超过额定起重量的（　　）。

A.75%　　　　　　　　　　　　　　B.80%

C.85%　　　　　　　　　　　　　　D.90%

【答案】B。

2.［2015年］吊装工程专项方案专家论证会应由（　　）组织。

A.建设单位　　　　　　　　　　　　B.设计单位

C.监理单位　　　　　　　　　　　　D.施工总承包单位

【答案】D。

二、多选题

[2019年] 流动式起重机特性曲线已图表化的有(   )。

A.各种工况下作业范围图

B.起升高度和工作范围图

C.各种工况下主臂仰角图

D.各种工况下起重能力表

E.臂长与作业半径匹配表

【答案】ABD。

2.3 机电工程焊接技术

 考点速记

一、焊接工艺的选择与评定

（一）焊接工艺的选择

1.焊接工艺的含义

焊接工艺含义	焊接工艺是指制造焊件所有关的加工方法和实施要求,包括焊接准备、材料选用、焊接方法选定、焊接参数、操作要求。 焊接参数:焊接时,为保证焊接质量而选定的各项参数(例如:焊接电流、焊接电压、焊接速度、焊接线能量等)的总称。

2.焊接准备

焊接性分析	钢结构工程焊接难度分为A级(易)、B级(一般)、C级(较难)、D级(难),其影响因素包括:板厚、钢材分类、受力状态、钢材碳当量。
焊工	根据《特种设备焊接操作人员考核细则》(TSG Z6002—2010)的规定,从事下列焊缝焊接工作的焊工,应当按照本细则考核合格,持有《特种设备作业人员证》: ①承压类设备的受压元件焊缝、与受压元件相焊的焊缝、受压元件母材表面堆焊。 ②机电类设备的主要受力结构(部)件焊缝、与主要受力结构(部)件相焊的焊缝。 ③熔入前两项焊缝内的定位焊缝。
焊接工艺评定	根据《特种设备生产和充装单位许可规则》(TSG 07—2019)附件M中的规定,焊接工艺评定报告(PQR)和焊接工艺指导书(WPS)控制,包括焊接工艺评定报告、相关检验检测报告、工艺评定施焊记录以及焊接工艺评定试样的保存等;焊接工艺评定的项目覆盖特种设备焊接所需要的焊接工艺。

3.焊接方法

锅炉	A级高压及以上锅炉(当$P \geqslant 9.8$ MPa时),锅筒和集箱、管道上管接头的组合焊缝,受热面管子的对接焊缝、管子和管件的对接焊缝,结构允许时应当采用氩弧焊打底。 锅炉受压元件不应采用电渣焊。
球罐	球形储罐的焊接方法宜采用焊条电弧焊、药芯焊丝自动焊和半自动焊。
公用管道	根据《燃气用聚乙烯管道焊接技术规则》(TSG D2002—2006)中的规定,GB1(PE)采用热熔焊、电熔焊两种方法。

（续表）

铝及铝合金容器（管道）	根据《铝制焊接容器》（JB/T 4734—2002）的规定，焊接方法应采用钨极氩弧焊、熔化极氩弧焊、等离子焊及通过试验可保证焊接质量的其他焊接方法。不用焊条电弧焊，一般也不采用气焊。 根据《现场设备、工业管道焊接工程施工规范》（GB 50236—2011）的规定，钨极惰性气体保护电弧焊和熔化极惰性气体保护电弧焊适用于铝及铝合金的焊接。

4.焊接参数

焊接接头	焊接接头由焊缝、熔合区、热影响区和母材金属组成。 焊接接头的形式：对接接头、T形接头、角接接头及搭接接头等。焊接接头形式主要是由两焊件相对位置所决定的。 钢制储罐底板的幅板之间、幅板与边缘板之间、人孔（接管）或支腿补强板与容器壁板（顶板）之间等常用搭接接头连接。
坡口形式	根据坡口的形状，坡口分成I形（不开坡口）、V形、单边V形、U形、双U形、J形等各种坡口形式。
焊缝形式	①按焊缝结合形式的分类：对接焊缝、角焊缝、塞焊缝、槽焊缝、端接焊缝五种。 ②按施焊时焊缝在空间所处位置的分类：平焊缝、立焊缝、横焊缝、仰焊缝四种形式。 ③对接接头、对接焊缝形状尺寸包括：焊缝长度、焊缝宽度、焊缝余高。T接头对接焊缝或角焊缝形状尺寸包括：焊脚、焊脚尺寸、焊缝凸（凹）度。
焊接材料	焊接时所消耗的材料的通称，包括：焊条、焊丝、焊剂、气体等。
焊接线能量	决定焊接线能量的主要参数就是焊接速度、焊接电流和电弧电压。 焊接线能量与焊接电流、焊接电压成正比，与焊接速度成反比。
预热、后热及焊后热处理	①20HIC任意壁厚均需要焊前预热和焊后热处理，以防止延迟裂纹的产生。若不能及时热处理，则应在焊后立即后热200~350 ℃保温缓冷。后热即可减小焊缝中氢的影响，降低焊接残余应力，避免焊接接头中出现马氏体组织，从而防止氢致裂纹的产生。 ②其他牌号非合金钢用于压力容器时，预热温度≥15 ℃。 ③其他牌号用于工业管道焊接接头母材厚度≥25 mm时，预热温度≥80 ℃。母材厚度＜25 mm时，预热温度≥10 ℃。 ④非合金钢管道壁厚＞19 mm时，应进行焊后消除应力热处理。 ⑤有焊后消除应力热处理要求的压力容器（压力管道），经挖补修理后，应当根据补焊深度确定是否需要进行消除应力处理。
焊接位置	熔焊时，焊件接缝所处的空间位置，可用焊缝倾角和焊缝转角来表示。有平焊、立焊、横焊和仰焊位置。
操作要求	焊接坡口清理：①非合金钢压力容器焊接坡口及其附近（焊条电弧焊时，每侧约10 mm处；埋弧焊、等离子弧焊、气体保护焊每侧各20 mm），应将水、锈、油污、积渣和其他有害杂质清理干净。②铝及铝合金焊接坡口及其附近各50 mm处采用化学方法或机械方法去除表面氧化膜；应用丙酮等有机溶剂去除油污及对焊接质量有害的物质。 对于需要预热的多层（道）焊焊件，其层间温度应≥预热温度。 不得在焊件表面引弧或试验电流。 在根部焊道和盖面焊道上不得锤击。

（二）焊接工艺评定

1.规范要求

钢结构	根据《钢结构工程施工规范》（GB 50755—2012）的规定，施工单位首次采用的钢材、焊接材料、焊接方法、焊接接头、焊接位置、焊后热处理等各种参数及参数的组合，应在钢结构制作及安装前进行焊接工艺评定试验。

2.焊接工艺评定步骤

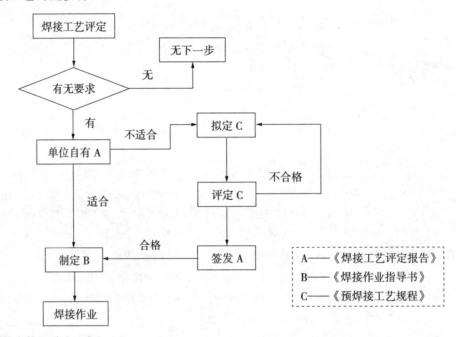

3.焊接工艺评定规则

焊接方法的专用评定规则	①按接头、填充金属、焊接位置、预热（后热）、气体、电特性、技术措施分别对各种焊接方法的影响程度可分为重要因素、补加因素和次要因素。②当改变任何一个重要因素时，都需重新进行焊接工艺评定。③当增加或变更任何一个补加因素时，则可按照增加或变更的补加因素，增焊冲击韧性试件进行试验。④当增加或变更次要因素时，不需要重新评定，但需重新编制预焊接工艺规程。

二、焊接质量的检测

（一）基本知识

1.检查等级

压力管道	公用管道（GB类）和工业管道（GC类）焊缝检查规定为Ⅰ、Ⅱ、Ⅲ、Ⅳ、Ⅴ五个等级，其中Ⅰ级最高，Ⅴ级最低。

（续表）

钢结构	焊缝质量等级分为一级、二级、三级,其影响因素包括:钢结构的重要性、载荷特性、焊缝形式、工作环境及应力状态等。

2.检查方法

锅炉	锅炉受压元件及其焊接接头质量检验,包括外观检验、通球试验、化学成分分析、无损检测、力学性能检验,蒸汽锅炉设备级别（A级、B级、C级、D级）各自检测部位不同,则检测比例不同。
容器	压力容器焊接接头分为A、B、C、D、E五类,都有不同的检测方法、检测比、水压试验等。 钢制焊接储罐焊缝的外观检查、无损检测、严密性试验（罐底的所有焊缝）、煤油渗漏（浮顶）、充水试验。
管道	①GA类长输管道线路施工焊缝检验包括:外观检查、无损检测、力学性能、压力试验和严密性试验。场站施工焊缝检验包括:外观检查、无损检测、压力试验和严密性试验。 ②GB类公用管道和GC类工业管道安装检查的方法:目视检查、无损检测、耐压试验和泄漏试验。 ③GD类动力管道对接接头检查的方法:目视检查、无损检测、光谱分析、硬度检验、金相检验。
钢结构	钢结构焊缝检验包括外观检测和无损检验。

3.焊接接头缺陷

气孔	降低焊缝的塑性、弯曲和冲击韧性、疲劳强度,接头机械能明显不良。
夹渣	明显降低接头的机械性能;降低焊缝金属的塑性,增加低温脆性,增加产生裂纹的倾向和厚板结构层状撕裂。
未焊透	导致焊缝机械强度大大降低,易延伸为裂纹缺陷,导致构件破坏。
未熔合	未熔合本身就是一种虚焊,在交变载荷工作状态下,应力集中,极易开裂,是最危险的缺陷之一。
裂纹	焊缝中最危险的缺陷。
形状缺陷	主要是造成焊缝表面的不连续性,有的会造成应力集中,产生裂纹（如咬边）;有的致使焊缝截面积减小（如凹坑、内凹坑等）;有的缺陷是不允许的（如烧穿）。

（二）焊接前检验

基本要求	①人:焊工应取得相应的资格,获得了焊接工艺（作业）指导书,并接受了技术交底。 ②机:焊接设备及辅助装备应能保证焊接工作的正常进行和安全可靠,仪表应定期检验。 ③料:选用合格材料,焊条不得受潮等。 ④法:焊前预热的加热方法、加热宽度、保温要求、测温要求应符合规范要求。 ⑤环:焊接环境应符合规范要求（风、雨、雪、湿度等）。

（续表）

钢结构 焊缝检验方案	焊接前，应根据施工图、施工方案、施工规范规定的焊缝质量检查等级编制检验和试验方案，经项目技术负责人批准并报监理工程师备案。 焊缝检验方案应包括检验批的划分、抽样检验的抽样方法、检验项目、检验方法、检验时机及相应的验收标准等。

（三）焊接过程检验

焊接工艺	焊工操作焊条电弧焊时，检查其执行的焊接工艺参数包括：焊接方法、焊接材料、焊接电流、焊接电压、焊接速度、电流种类、极性、焊接层（道）数、焊接顺序。
焊缝返修 过程检验	压力容器修理挖除焊缝或母材部位缺陷时，经无损检测确认缺陷清除后，方可进行焊接，焊接完成后应当再次进行无损检测。

（四）焊接后检验

目视检测	对于直接目视检测，在待检表面600 mm之内，应提供人眼足够观察的空间，且检测视角≥30°。当不能满足时，应采用镜子、内窥镜、光纤电缆、相机进行间接目视检测。
无损检测	表面无损检测方法通常是指磁粉检测和渗透检测；内部无损检测方法通常是射线检测和超声波检测。 射线检测技术等级分为A、AB、B三个级别，其中A级最低、B级最高；超声波检测技术等级分为A、B、C三个级别，其中A级最低、C级最高。 对有延迟裂纹倾向的接头（如：低合金高强钢、铬钼合金钢），无损检测应在焊接完成24 h后进行。
热处理	对于局部加热热处理的焊缝，应检查和记录升温速度、降温速度、恒温温度和恒温时间、任意两测温点间的温差等参数和加热区域宽度。 局部加热热处理的焊缝应进行硬度检验。 当热处理效果检查不合格或热处理记录曲线存在异常时，宜通过其他检测方法（金相分析或残余应力测试）进行复查或评估。
强度试验	焊缝的强度试验及严密性试验应在射线检测或超声波检测及热处理后进行。 液体压力试验介质应使用工业用水。当生产工艺有要求时，可用其他液体。不锈钢设备或管道用水试验时，水中的氯离子含量≤50 mg/L，试验结束应立即排放干净。
其他	焊接施工检查记录至少应包括：焊工资格认可记录、焊接检查记录、焊缝返修检查记录。 要求无损检测和焊缝热处理的焊缝，应在设备排版图或管道轴测图上标明焊缝位置、焊缝编号、焊工代号、无损检测方法、无损检测焊缝位置、焊缝补焊位置、热处理和硬度检验的焊缝位置。

真题演练

多选题

[2019年] 下列参数中,属于焊条电弧焊焊接过程中应控制的工艺参数有( )。

A.焊接电流 B.焊接电压

C.焊接速度 D.坡口尺寸

E.焊接层数

【答案】ABCE。

第三章 工业机电工程安装技术

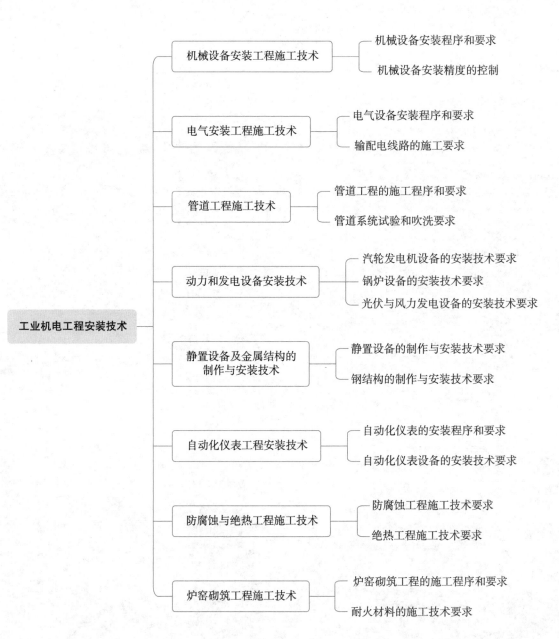

考情速览

章节考点	历年考点分值分布				
	2019年	2018年	2017年	2016年	2015年
机械设备安装工程施工技术	2	1	7	2	8
电气安装工程施工技术	12	11	12	2	2
管道工程施工技术	2	1	2	7	22
动力和发电设备安装技术	2	1	1	1	1
静置设备及金属结构的制作与安装技术	2	6	1	7	0
自动化仪表工程安装技术	1	6	1	1	1
防腐蚀与绝热工程施工技术	1	7	1	0	3
炉窑砌筑工程施工技术	0	0	1	1	1

3.1 机械设备安装工程施工技术

考点速记

一、机械设备安装程序和要求

(一)机械设备安装的一般程序

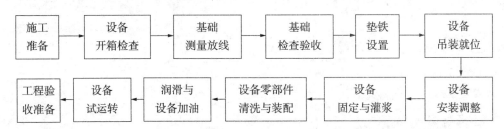

(二)机械设备安装的一般要求

1.施工准备

施工组织设计或专项施工方案	对机械设备安装有关的设计文件、施工图纸进行自审和会审,编制施工方案并进行技术交底。大型、复杂的机械设备安装工程应编制施工组织设计或专项施工方案。
设备进场检查	安装的机械设备、主要的或用于重要部位的材料,必须符合设计和产品标准的规定,并应有合格证明。 对于拆迁设备、旧设备因精度达不到使用要求,其施工及验收要求,则由建设单位和施工单位另行商定。

2.设备开箱检查

参加单位	建设单位、监理单位、施工单位。
检查、检验项目	①箱号、箱数以及包装情况。 ②设备名称、规格和型号,重要零部件还需按质量标准进行检查验收。 ③随机技术文件(如使用说明书、合格证明书和装箱清单等)及专用工具。 ④有无缺损件,表面有无损坏和锈蚀。 ⑤其他需要记录的事项。

3.基础测量放线

定位依据	设备安装的定位依据:基准线(平面)和基准点(高程)。

(续表)

原则	设定基准线和基准点,通常应遵循的原则:安装检测使用方便;有利于保持而不被毁损;刻划清晰容易辨识。
基准线和基准点设置要求	①机械设备就位前,划定基准线和基准点的依据:工艺布置图+测量控制网(或相关建筑物轴线、边缘线、标高线)。 ②对于与其他设备有机械联系的机械设备,应划定共同的安装基准线和基准点。
永久基准线和基准点设置要求	①永久中心标板和永久基准点的材料:铜材或不锈钢材(最佳);涂漆或镀锌的普通钢材。 ②设置位置:在主轴线和重要的中心线部位,应埋设在设备基础或现浇楼板框架梁的混凝土内。 ③永久中心标板和基准点的设置必须先绘出布置图,并对各中心标板和基准点加以编号,由测量人员测量和刻线,并提交测量成果。记录有实测结果的永久中心标板和基准点布置图,应作为交工资料移交给建设单位保存和存入档案。 ④对于重要、重型、特殊设备需设置沉降观测点。

4.基础检查验收

设备基础外观质量检查验收	①基础外表面应无裂纹、空洞、掉角、露筋。 ②基础表面和预留孔应清除干净。 ③预留孔洞内无露筋、凹凸等缺陷。 ④放置垫铁的基础表面应平整,中心标板和基准点埋设牢固、标记清晰、编号准确。
预埋地脚螺栓检查验收	安装胀锚地脚螺栓的基础混凝土强度≥10 MPa,基础混凝土或钢筋混凝土有裂缝的部位不得使用胀锚地脚螺栓。
设备基础常见质量通病	基础上平面标高超差;预埋地脚螺栓的位置、标高超差;预留地脚螺栓孔深度超差。

5.垫铁设置

位置	每个地脚螺栓旁边至少应有一组垫铁,并设置在靠近地脚螺栓和底座主要受力部位下方。 设备底座有接缝处的两侧,各设置一组垫铁。
距离	相邻两组垫铁间的距离,宜为500~1 000 mm。
数量	每组垫铁的块数宜≤5块,放置平垫铁时,厚的宜放在下面,薄的宜放在中间,垫铁的厚度宜≥2 mm。
其他要求	设备调平后,垫铁端面应露出设备底面外缘,平垫铁宜露出10~30 mm,斜垫铁宜露出10~50 mm,垫铁组伸入设备底座底面的长度应超过设备地脚螺栓的中心。 除铸铁垫铁外,设备调整完毕后各垫铁相互间用定位焊焊牢。

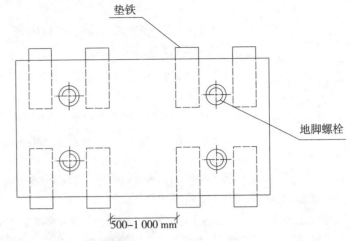

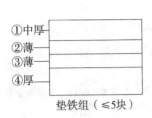

垫铁组（≤5块）

垫铁设置示意图

6.设备吊装就位

吊装	针对一些特殊的设备或部件,需采用专用吊具或工装。例如:起吊鼓风机转子采用横梁式专用吊具,起吊炉壳之类的薄壳设备采用三角吊具等。

7.设备安装调整

找平	测量位置:设备精加工面上的测点。 仪器:水平仪。 调整方法:调整垫铁高度。
找正	方法:①钢丝挂线法,检测精度为1 mm;②放大镜观察接触法和导电接触讯号法,检测精度为0.05 mm;③高精度经纬仪、精密全站仪测量法可达到更精确的检测精度。
找标高	仪器:精密水准仪。 调整方法:调整垫铁高度。
找平、找正、找标高的测点	设计或设备技术文件指定的部位;设备的主要工作面;部件上加工精度较高的表面;零部件间的主要结合面;支承滑动部件的导向面;轴承座剖分面、轴颈表面、滚动轴承外圈;设备上应为水平或铅垂的主要轮廓面。

8.设备固定与灌浆

类别	时间	灌浆位置
一次灌浆	设备粗找正后	地脚螺栓预留孔
二次灌浆	设备精找正、地脚螺栓紧固、检测项目合格后	设备底座和基础间

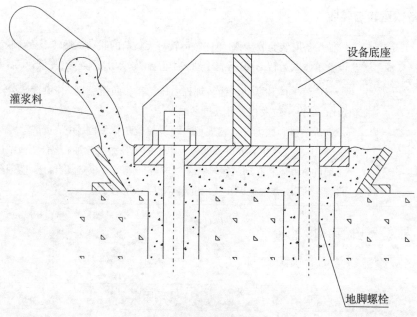

设备灌浆示意图

9.零部件清洗与装配

（1）设备零部件装配主要程序

主要程序	①由小到大、从简单到复杂进行组合件装配。 ②按照先零件、再组件、到部件的顺序进行装配。 ③先主机后辅机,由部件进行总装配。

（2）常见的零部件装配

螺纹连接件装配	有预紧力要求的螺纹连接常用紧固方法:定力矩法、测量伸长法、液压拉伸法、加热伸长法。
过盈配合件装配	一般采用压入装配、低温冷装配和加热装配法。在安装现场,主要采用第三种方法。
对开式 滑动轴承装配	安装过程:轴承的清洗→检查→刮研→装配→间隙调整和压紧力的调整。 轴瓦的刮研:一般先刮下瓦,后刮上瓦,刮研应在设备精平后进行,刮研时应将轴上所有零件装上,轴瓦与轴颈的接触点数不低于规范的要求。 轴承的安装:安装轴承座时,必须把轴瓦装在轴承座上,再按轴瓦的中心进行调整,在同一传动轴上的所有轴承的中心应在同一轴线上。 轴承间隙的检测及调整: ①顶间隙:轴颈与轴瓦的顶间隙可用压铅法检查,铅丝直径宜≤顶间隙的3倍。 ②侧间隙:轴颈与轴瓦的侧间隙采用塞尺进行测量,单侧间隙应为顶间隙的1/2~1/3。 ③轴向间隙:对受轴向负荷的轴承还应检查轴向间隙,检查时,将轴推至极端位置,然后用塞尺或千分表测量。

10.设备试运转与验收

步骤	机械设备安装验收步骤：单体试运转→无负荷的联动试运转→负荷联动试运转。设备单体试运转的顺序：先手动，后电动；先点动，后连续；先低速，后中、高速。
验收要求	①无负荷单体和联动试运转规程由施工单位负责编制，并负责试运转的组织、指挥和操作，建设单位及相关方人员参加。②负荷单体和联动试运转规程由建设单位负责编制，并负责试运转的组织、指挥和操作，施工单位及相关方可依据建设单位的委托派人参加，配合负荷试运转。③无负荷单体和联动试运转符合要求后，施工单位与建设单位、监理单位、设计单位、质量监督部门办理工程及技术资料等相关交接手续。

二、机械设备安装精度的控制

（一）影响设备安装精度的因素

类别	影响因素
设备基础	强度和沉降。
垫铁埋设	承载面积和接触情况。
设备灌浆	强度和密实度。
地脚螺栓	紧固力和垂直度。
测量误差	仪器精度、基准精度。
设备制造与解体设备的装配	设备制造对安装精度的影响主要是加工精度和装配精度。解体设备的装配精度包括：各运动部件之间的相对运动精度（直线运动精度、圆周运动精度、传动精度）；配合面之间的配合精度和接触质量。设备基准件的安装精度，包括标高差、水平度、铅垂度、直线度、平行度等。
环境因素	设备基础温度变形、设备温度变形和恶劣环境场所。
操作误差	人员的技能水平和责任心。

（二）设备安装精度的控制

1.设备偏差控制要求

偏差控制要求	有利于抵消设备附属件安装后重量的影响；有利于抵消设备运转时产生的作用力的影响；有利于抵消零部件磨损的影响；有利于抵消摩擦面间油膜的影响。

2.具体实施要求

补偿温度变化所引起的偏差	联轴器装配定心：调整两轴心径向位移时，运行中温度高的一端（汽轮机、干燥机）应低于温度低的一端（发电机、鼓风机、电动机），调整两轴线倾斜时，上部间隙小于下部间隙，调整两端面间隙时选择较大值，使运行中温度变化引起的偏差得到补偿。

真题演练

一、单选题

1.［2018年］现场组装的大型设备，各运动部件之间的相对运动精度不包括（　　）。

A.直线运动精度

B.圆周运动精度

C.传动精度

D.配合精度

【答案】D。

2.［2015年］设备基础的质量因素中，影响安装精度的主要是（　　）。

A.浇注方式和时间

B.沉降和强度

C.表面积和平整度

D.温度和湿度

【答案】B。

二、多选题

1.［2019年］工业机电设备负荷联动试运转中，主要考核的内容有（　　）。

A.安装质量

B.设备性能

C.自控功能

D.生产能力

E.生产工艺

【答案】ABDE。

2.［2017年］关于机械设备垫铁设置的要求，正确的有（　　）。

A.垫铁与设备基础之间的接触良好

B.相邻两组垫铁间的距离，宜为500~1 000 mm

C.设备底座有接缝处的两侧，各设置一组垫铁

D.厚的宜放在最下面，薄的宜放在最上面

E.每组垫铁块数不宜超过5块

【答案】ABCE。

3.［2016年］下列装配方法中，属于过盈配合件装配方法的有（　　）。

A.锤击法

B.加热装配法

C.低温冷装配法

D.铰孔装配法

E.压入装配法

【答案】BCE。

3.2 电气安装工程施工技术

 考点速记

一、电气设备安装程序和要求

（一）电气安装程序

一般程序	埋管、埋件→设备安装→电线、电缆敷设→回路接通→检查、试验、调试→通电试运行→交付使用。
油浸式电力变压器的施工程序	开箱检查→二次搬运→设备就位→吊芯检查→附件安装→滤油、注油→交接试验→验收。 油浸式电力变压器是否需要吊芯检查，应根据变压器的大小、制造厂规定、存放时间、运输过程中有无异常和建设单位要求而确定。 绝缘油应经严格过滤处理，其电气强度及介质损失角正切值和色谱分析等试验合格后才能注入设备。
六氟化硫断路器的安装程序	开箱检查→本体安装→充加六氟化硫→操作机构安装→检查、调整→绝缘测试→试验。
成套配电设备的安装程序	开箱检查→二次搬运→安装固定→母线安装→二次回路连接→试验调整→送电运行验收。

（二）电气设备的施工技术要求

1.成套配电设备的安装要求

安装要求	①基础型钢露出最终地面高度宜为10 mm，但手车式柜体的基础型钢露出地面的高度应按产品技术说明书执行。基础型钢的两端与接地干线应焊接牢固。 ②柜体间及柜体与基础型钢的连接应牢固，不应焊接固定。 ③成列安装柜体时，宜从中部开始向两边安装；柜体安装允许偏差应符合规范要求。 ④柜体内设备、器件、导线、端子等结构间的连接需全面检查，松动处必须紧固。 ⑤固定式柜、手车式柜和抽屉式柜的机械闭锁、电气闭锁应动作准确可靠，触头接触应紧密；抽屉单元和手车单元应能轻便灵活拉出和推进，无卡阻碰撞现象；二次回路连接插件应接触良好并有锁紧措施。 ⑥手车单元接地触头可靠接地：手车推进时接地触头比主触头先接触，手车拉出时接地触头比主触头后断开。 ⑦同一功能单元、同一种型式的高压电器组件插头的接线应相同，能互换使用。

2.交接试验内容及注意事项

（1）交接试验的内容

检查	线路相位
测量	绝缘电阻、直流电阻、泄漏电流
试验	交流耐压试验、直流耐压试验、绝缘油试验

（2）部分设备的交接试验

油浸电力变压器	①检查：所有分接的变比；三相变压器组别。 ②测量：绕组连同套管的直流电阻；变压器绕组的绝缘电阻和吸收比；铁芯及夹件的绝缘电阻；绕组连同套管的介质损耗因数。 ③试验：绝缘油试验；非纯瓷套管试验；绕路连同套管交流耐压试验。

（3）交接试验注意事项

高压试验	①在高压试验设备和高电压引出线周围，均应装设遮拦并悬挂警示牌。 ②进行高电压试验时，操作人员与高电压回路间应具有足够的安全距离。例如：电压等级6~10 kV，不设防护栏时，安全距离≥0.7 m。 ③高压试验结束后，应对直流试验设备及大电容的被测试设备多次放电，放电时间＞1 min。
耐压试验	①断路器的交流耐压试验应在分、合闸状态下分别进行。 ②成套设备进行耐压试验时，宜将连接在一起的各种设备分离开来单独进行。 ③做直流耐压试验时，试验电压按每级0.5倍额定电压分阶段升高，每阶段停留1 min，并记录泄漏电流。

3.电气设备通电检查及调整试验

电气设备通电条件	确认配电设备和用电设备安装完成，其型号、规格、安装位置符合施工图纸要求并验收合格，电气交接试验合格，所有建筑装饰工作完成并清扫干净，电气设备通电环境整洁。
通电检查及调整试验	①检查有关一、二次设备安装接线应全部完成，所有的标志应明显、正确和齐全。要先进行二次回路通电检查，然后再进行一次回路通电检查。 ②一次回路经过绝缘电阻测定和耐压试验，绝缘电阻值均符合规定。二次回路中弱电回路的绝缘电阻测定和耐压试验按制造厂的规定进行。 ③已具备可靠的操作(断路器等)、信号和合闸等二次各系统用的交、直流电源。 ④电流、电压互感器已经过电气试验，电流互感器二次侧无开路现象，电压互感器二次侧无短路现象。 ⑤检查回路中的继电器和仪表等均经校验合格。 ⑥检验回路的断路器及隔离开关都已调整好，断路器经过手动、电动跳合闸试验。

4.供电系统试运行条件及安全要求

供电系统 试运行的条件	①电气设备安装完整齐全,连接回路接线正确、齐全、完好。 ②供电回路应核对相序无误,电源和特殊电源应具备供电条件。 ③电气设备应经通电检查,供电系统的保护整定值已按设计要求整定完毕。 ④环境整洁,应有的封闭已做好。
安全防范要求	①防止电气开关误动作的可靠措施。 高压开关柜闭锁保护装置必须完好可靠,常规的"五防联锁":防止误合、误分断路器;防止带负荷分、合隔离开关;防止带电挂地线;防止带电合接地开关;防止误入带电间隔。 ②试运行开始前再次检查一次、二次回路是否正确,带电部分挂好安全标示牌。 ③按工程整体试运行的要求做好与其他专业配合的试运行工作。及时准确地做好各回路供电和停电,保证供电系统试运行的安全进行。 ④供电系统试运行期间,送电、停电程序实行工作票制度。电气操作要实行唱票制度。 ⑤供电系统试运行期间的检修应按电气设备检修规程执行。 ⑥电气操作人员应熟悉电气设备及其系统,必须经过专业培训,具备电工特种作业操作证资格,严格执行国家的安全作业规定,熟悉有关消防知识,能正确使用消防用具和设备,熟知人身触电紧急救护方法。

二、输配电线路的施工要求

(一)电力架空线路的施工要求

1.电杆线路的组成及材料要求

电杆基础	预制底盘、卡盘用于木杆和水泥杆稳固;钢筋混凝土法兰和地脚螺栓基础适用于金属杆;拉线盘用于拉线锚固。
电杆	按电杆用途和受力情况分为6种杆:耐张杆、转角杆、终端杆、分支杆、跨越杆、直线杆。 水泥杆材料要求: ①表面光洁平整,内外壁厚度均匀,不应有露筋、跑浆现象。 ②水泥杆按规定检查时,不应出现纵向裂纹,横向裂纹的宽度应≤0.1 mm,长度应≤电杆的1/3周长。 ③杆长弯曲值应≤杆长的1/1 000。
架空导线	高压架空线的导线大都采用铝、钢或复合金属组成的钢芯铝绞线或铝包钢芯铝绞线,避雷线则采用钢绞线或铝包钢绞线。 低压架空线的导线一般采用塑料铜芯线。

（续表）

横担	横担主要是角钢横担、瓷横担等。 瓷横担（全瓷式、胶装式）安装要求： ①直立安装时，顶端顺线路歪斜度应≤10 mm。 ②水平安装时，顶端宜向上翘起5°~15°。 ③全瓷式瓷横担的固定处应加软垫。
绝缘子	绝缘子用来支持固定导线，使导线对地绝缘，并还承受导线的垂直荷重和水平拉力，绝缘子应有良好的电气绝缘性能和足够的机械强度，常用的绝缘子有针式绝缘子、蝶式绝缘子和悬式绝缘子。
拉线	①普通拉线（尽头拉线），主要用于终端杆上，起拉力平衡作用。 ②转角拉线，用于转角杆上，起拉力平衡作用。 ③人字拉线（两侧拉线），用于基础不牢固和交叉跨越高杆或较长的耐张杆中间的直线杆，保持电杆平衡，以免倒杆、断杆。 ④高桩拉线（水平拉线）用于跨越道路、河道和交通要道处，高桩拉线要保持一定高度，以免妨碍交通。

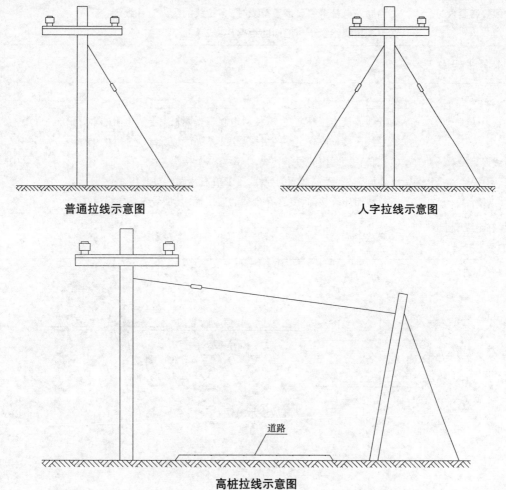

普通拉线示意图　　　　　　　　　　　人字拉线示意图

高桩拉线示意图

2.电杆组立

分段电杆对接	分段金属杆对接通常采用法兰和插接,法兰连接的螺栓紧固力矩符合产品技术说明书的要求,并加装防松或防卸装置。 分段水泥杆对接采用焊接,焊接后的整杆弯曲度应≤电杆全长的2/1 000。
水泥杆立杆方法	电杆立杆方法:汽车起重机立杆;三脚架立杆;人字抱杆立杆;架杆(顶、叉)立杆等。 单电杆直立后,倾斜度允许偏差(f):10 kV以上的电杆,f应≤杆长的3/1 000;10 kV及以下的电杆,f应≤杆顶直径的1/2。 架杆方法只能用于竖立木杆和长度<8 m的水泥杆。

3.拉线制作安装

拉线制作	采用镀锌钢丝合股组成的拉线,其股数应≥3股。镀锌钢丝的单股直径应≥4 mm,绞合应均匀、受力相等,不应出现抽筋现象。 可采用截面面积≥25 mm² 的钢绞线制作拉线。
拉线安装要求	①拉线盘的埋设深度和方向,应符合设计要求。 ②当同一电杆上装设多条拉线时,各拉线的受力应一致。 ③上把拉线绝缘子与地面的距离应≥2.5 m。

4.导线架设

放线	拖放法、展放法。
导线连接要求	①导线连接应接触良好,其接触电阻应≤同长度导线电阻的1.2倍。 ②导线连接处应有足够的机械强度,其强度应≥导线强度的95%。 ③在任一档距内的每条导线,只能有一个接头。 ④不同金属、不同截面的导线,只能在杆上跳线处连接。 ⑤导线钳压连接前,要选择合适的连接管,其型号应与导线相符。
导线在绝缘子上的固定方法	顶绑法、侧绑法、终端绑扎法、耐张线夹固定导线法等。

拖放法示意图

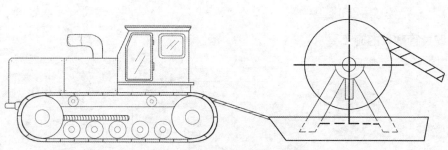

展放法示意图

5.电力架空线路试验

试验要求	①测量线路的绝缘电阻应不小于验收规范规定。 ②检查架空线各相的两侧相位应一致。 ③在额定电压下对空载线路的冲击合闸试验应进行3次。 ④杆塔防雷接地线与接地装置焊接,测量杆塔的接地电阻值应符合设计的规定。 ⑤用红外线测温仪,测量导线接头的温度,来检验接头的连接质量。

6.架空线路与10/0.4 kV变电所的连接

变电所类型	变电所按建筑结构分为室内型、半室外型和室外型,室外型变电所又分为双杆式露天型、地台式露天型和地台箱式变电所。 室外双杆式露天型变电所由高压架空线路、低压架空线路、杆上变压器和电气设备组成。高压侧包括高压线、自动跌落式熔断器、避雷器及防雷引下线安装;低压侧包括低压线、配电箱及电度表箱安装;变压器安装在电杆上,与高压线、低压线和工作接地线连接。

7.现场临时用电架空线路的施工要求

适用范围	工程施工现场变电所一般采用10/0.4 kV半室外型和室外型变电所方式。下列规定适用于220/380 V低压配电架空线路。
导线	导线必须采用绝缘导线。导线截面选择如下: ①三相四线制线路的N线和PE线截面≥相线截面的50%,单相线路截面相同。 ②铜线截面≥10 mm², 铝线截面≥16 mm²。

（二）电力电缆线路的施工要求

1.电缆导管敷设的施工要求

（1）电缆保护管施工

无设计要求时，下列情况应设置电缆保护管：电缆引入和引出建筑物、隧道、沟道、电缆井等穿过楼板及墙壁处；电缆与各种管道、沟道交叉处；电缆引出地面，距地面2m以下时；电缆通过道路、铁路时。

设置及要求	①电缆保护管内径＞电缆外径的1.5倍。 ②电缆引入和引出建筑物、隧道、沟道、电缆井等处，一般应采取防水套管；硬塑料管与热力管交叉时应穿钢套管；金属管埋地时应刷沥青防腐。 ③电缆保护管宜敷设于热力管的下方。
加工	钢管弯制采用弯管机，硬塑料管弯制采用热煨法；弯头数量应≤3个，直角弯头数量应≤2个。加工后的弯扁度宜≤管子外径的10%，弯曲半径＞电缆的最小弯曲半径，明配管和埋入混凝土管的弯曲半径宜≥管子外径的6倍，埋地管的弯曲半径宜≥管子外径的10倍。
电缆保护管明配	①钢结构上不得焊接支架和热熔开孔。 ②在无设计要求时，电缆管支持点间距宜≤3 m；在管子弯头中点处、距管子终端或箱盘柜边缘150~500 mm内应设置固定管卡。 ③硬塑料管直线长度＞30 m时，宜加装伸缩节。

（2）电缆排管施工

施工要求	①敷设电力电缆的排管孔径一般为150 mm。 ②埋入地下的排管顶部至地面的距离应不小于以下数值：人行道为500 mm；一般地区为700 mm。 ③在电缆排管直线距离＞50 m处、排管转弯处、分支处都要设置排管电缆井。排管通向电缆井应有≥0.1%的坡度，以便管内的水流入电缆井内。

2.电缆直埋敷设的要求

电缆沟开挖及 土方回填	①一般情况下，沟深为0.9 m。 ②电缆敷设后，上面要铺100 mm厚的软土或细沙，再盖上混凝土保护板、红砖或警示带，覆盖宽度应超过电缆两侧以外各50 mm，覆土分层夯实。

（续表）

电缆敷设及接头防护的要求	①直埋电缆应使用铠装电缆，铠装电缆的两端金属外皮要可靠接地，接地电阻≤10 Ω。直埋电缆和水底电缆在敷设前应进行交接试验，有铝包或铅包护套的电缆，必须进行外护套绝缘电阻测试。 ②开挖的沟底是松软土层时，可直接敷设电缆，一般电缆埋深应≥0.7 m；穿越农田时，电缆埋深应≥1 m；如果有石块或硬质杂物要铺设100 mm厚的软土或细沙。 ③直埋电缆同沟时，相互距离应符合设计要求，平行距离≥100 mm，交叉距离≥500 mm。 ④直埋电缆的中间接头外面应有防止机械损伤的保护盒（环氧树脂接头盒除外），盒下面应垫以混凝土基础板，长度要伸出接头保护盒两端600~700 mm，进入建筑物前留有足够的电缆余量。
电缆标桩埋设	直埋电缆在直线段每隔50~100 m处、电缆接头处、转弯处、进入建筑物等处应设置明显的方位标志或标桩。

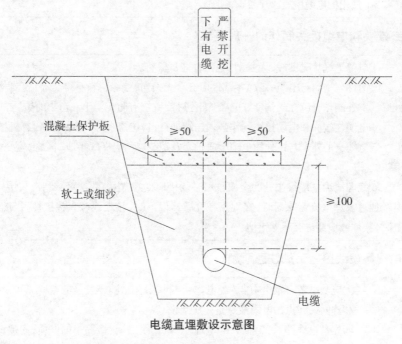

电缆直埋敷设示意图

3.电缆桥架、沟、夹层或隧道内电缆敷设的要求

敷设要求	①高压与低压电力电缆、强电与弱电控制电缆应按顺序分层配置，一般情况宜由上而下配置；电力电缆和控制电缆不宜配置在同一层支架上；交流三芯电力电缆，在普通支吊架上铺设层数宜≤1层，桥架上铺设层数宜≤2层。 ②交流单芯电力电缆，应布置在同侧支架上。 ③电缆沟电缆与热力管道、热力设备之间的净距，平行敷设时应≥1 m；当受条件限制时，应采取隔热保护措施。

4.电缆（本体）敷设的要求

施工技术准备	电缆封端应严密,并根据要求做电气试验。6 kV以上的橡塑电缆,应做交流耐压试验或直流耐压试验及泄漏电流测试;1 kV及以下的橡塑电缆用2 500 V兆欧表测试绝缘电阻代替耐压试验,电缆绝缘电阻在试验前后无明显变化,并做好记录。
电缆施放要求	①电缆应从电缆盘上端拉出施放。 ②人工施放时必须每隔1.5~2 m放置滑轮一个,电缆从电缆盘上端拉出后放在滑轮上,再用绳子扣住向前拖拉,不得把电缆放在地上拖拉。 ③用机械牵引敷设电缆时,应缓慢前进,一般速度≤15 m/min,牵引头必须加装钢丝套。长度在300 m以内的大截面电缆,可直接绑住电缆芯牵引。
标志牌的装设	应在下列位置挂电缆标志牌:①电缆终端头处、接头处、分支处;电缆隧道转弯处、直线段每隔50~100 m处。②电缆竖井及隧道的两端;电缆夹层内、井内。 标志牌上应注明线路编号;当无编号时,应写明电缆型号、规格及起讫地点;并联使用的电缆应有顺序号。

5.电缆终端头和电缆接头制作的一般要求

一般要求	①电缆绝缘状况良好,无受潮,电气性能试验符合标准。 ②附件规格应与电缆一致,零部件应齐全无损伤,绝缘材料不得受潮,密封材料不得失效。 ③室外制作时应在气候良好的条件下进行,并应有防止尘土和污物的措施。 ④电缆终端头和电缆接头制作必须连续进行,应绝缘良好、密封防潮、有机械保护等措施。 ⑤电缆头的外壳与该处的电缆金属护套及铠装层均应良好接地,接地线应采用铜绞线或铜编织线。 ⑥三芯电力电缆终端处的金属护层必须接地良好,电缆的屏蔽层和铠装层应锡焊接地线。电缆通过零序电流互感器时,接地点在互感器以下时,接地线应直接接地;接地点在互感器以上时,接地线应穿过互感器接地。

6.电力电缆敷设线路施工的注意事项

电缆敷设顺序要求	①应从电缆布置集中点(配电室、控制室)向电缆布置分散点(车间、设备)敷设。 ②到同一终点的电缆最好是一次敷设。 ③先敷设线路长、截面大的电缆,后敷设线路短、截面小的电缆;先敷设电力、动力电缆,后敷设控制、通讯电缆。
电缆断口防护要求	①电缆应在切断后4 h之内进行封头。 ②塑料绝缘电力电缆应有防潮的封端。 ③油浸纸质绝缘电力电缆必须铅封;充油电缆切断处必须高于邻近两侧电缆。
电缆中间接头要求	①并列敷设电缆,有中间接头时宜将接头位置错开。 ②明敷电缆的中间接头应用托板托置固定。 ③电力电缆在终端与接头附近宜留有备用长度。 ④架空敷设的电缆不宜设置中间接头;电缆敷设在水底、导管内、路口、门口、通道狭窄处和与其他管线交叉处不应有接头。

（三）母线和封闭母线安装

1.母线安装的要求

母线 连接固定	①母线在加工后并保持清洁的接触面上涂以电力复合脂。 ②母线连接时,必须采用规定的螺栓规格。当母线平置时,螺栓应由下向上穿,在其余情况下,螺母应置于维护侧。 ③螺栓连接的母线两外侧均应有平垫圈,相邻螺栓垫圈间应有3 mm以上的净距,螺母侧应装有弹簧垫圈或锁紧螺母。 ④母线的螺栓连接必须采用力矩扳手紧固。 ⑤母线采用焊接连接时,母线应在找正及固定后,方可进行母线导体的焊接。 ⑥母线与设备连接前,应进行母线绝缘电阻的测试,并进行耐压试验。 ⑦金属母线超过20 m长的直线段、不同基础连接段及设备连接处等部位,应设置热胀冷缩或基础沉降的补偿装置,其导体采用编织铜线或薄铜叠片伸缩节或其他连接方式。 ⑧母线在支柱绝缘子上的固定方法有:螺栓固定、夹板固定和卡板固定。 ⑨母线与设备端子间的搭接面应接触良好。设备铜接线端子与铝母线连接应通过铜铝过渡段。
母线的 相序排列	若无设计规定应符合下列规定: ①上、下布置时,交流A、B、C三相母线的排列为由上到下。 ②水平布置时,交流A、B、C三相母线的排列为由盘后向盘面。 ③位于盘后往前看,引下线的交流A、B、C三相母线排列为由左至右。
母线的 相色规定	三相交流母线的相色:A相为黄色,B相为绿色,C相为红色。

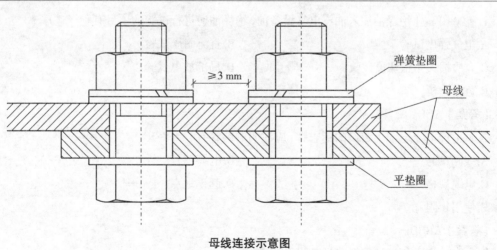

母线连接示意图

2.封闭母线的安装要求

安装前的要求	封闭母线进场、安装前应做电气试验,测试的绝缘电阻≥20 MΩ。
支吊架制作安装	封闭母线直线段,室内支吊架间距≤2 m,垂直安装时每4 m设置弹簧支架。

（续表）

连接	封闭母线需经电气试验合格后，再与设备端子连接；低压母线绝缘电阻测试 ≥ 0.5 MΩ；高压母线绝缘电阻测试 ≥ 20 MΩ，交流耐压试验按交接试验标准的支柱绝缘子执行。 垂直安装距地1.8 m以下应采取保护措施（但电气竖井、配电室、电机室、技术夹层等除外）。
接地	封闭母线槽全长保护接地位置 ≥ 2处，分支段母线槽的末端需保护接地，与接地干线连接采用焊接。 封闭母线可靠接地前，不得进行交接试验和通电试运行。

真题演练

一、单选题

[2018年]电力架空线路需在横担固定处加装软垫的是（　　）。

A.转角杆横担　　　　　　　　　B.全瓷式瓷横担

C.终端杆横担　　　　　　　　　D.耐张杆横担

【答案】B。

二、多选题

1.[2019年]绝缘油注入油浸电气设备前，绝缘油应进行试验的项目有（　　）。

A.电气强度试验　　　　　　　　B.直流耐压试验

C.介质损失角正切值试验　　　　D.局部放电试验

E.色谱分析

【答案】ACE。

2.[2017年]电缆上装设的标志牌，应注明的内容有（　　）。

A.线路编号　　　　　　　　　　B.电缆编号

C.电缆规格　　　　　　　　　　D.起讫地点

E.使用年限

【答案】ABCD。

3.[2016年]正确的电缆直埋敷设做法有（　　）。

A.电缆敷设后铺100 mm厚的细沙再盖混凝土保护板

B.铠装电缆的金属保护层可靠接地

C.沟底铺设100 mm厚碎石

D.电缆进入建筑物时采用金属管保护

第一篇 机电工程施工技术

E.电缆可平行敷设在管道的上方

【答案】ABD。

三、实务操作和案例分析题

（一）[2019年·节选]

背景资料：

某安装公司签订了20 MWp并网光伏发电项目的施工总承包合同，主要工作内容：光伏场区发电设备及线路（包括光伏阵列设备、逆变及配电设备、箱式变压器、35 kV电缆集电线路等）安装工程；35 kV架空线路安装工程；开关柜安装工程（包括一次设备、母线和二次设备等）。

施工前，施工方案编制人员向作业人员进行了安全技术交底，光伏场区集电线路设计为35 kV直埋电缆，根据施工方案要求，采用机械开挖电缆沟，由于沟底有少量碎石，施工人员在沟底铺设一层细沙，完成直埋电缆工程的相关工作。

在施工过程中，公司总部多次对项目部进行综合检查，发现下列事件，存在施工质量问题，并监督项目部进行了整改。

……

事件二：室内配电装置的母线采用螺栓连接，作业人员在母线连接处涂了凡士林，母线平置连接时的螺栓由上向下穿，螺栓连接的母线两侧只有平垫圈，并用普通扳手紧固。

问题：

1.沟底铺设一层细沙后，直埋电缆工程的相关工作有哪些？

2.在事件二中，项目部是如何整改的？

参考答案：

1.沟底铺设一层细沙后，直埋电缆工程还包括的相关工作：①盖上混凝土保护板、红砖或警示带，覆盖宽度应超过电缆两侧以外各50 mm，覆土分层夯实；②直埋电缆的中间接头外面应有防止机械损伤的保护盒（环氧树脂接头盒除外），盒下面应垫以混凝土基础板，长度要伸出接头保护盒两端600~700 mm，进入建筑物前留有足够的电缆余量；③直埋电缆在直线段每隔50~100 m处、电缆接头处、转弯处、进入建筑物等处应设置明显的方位标志或标桩。

2.事件二中，项目部的整改做法：①母线在加工后并保持清洁的接触面上涂以电力复合脂。②母线连接时，必须采用规定的螺栓规格。当母线平置时，螺栓应由下向上穿，在其余情况下，螺母应置于维护侧。③螺栓连接的母线两外侧均应有平垫圈，相邻螺栓垫圈间应有3 mm以上的净距，螺母侧应装有弹簧垫圈或锁紧螺母。④母线的螺栓连接必须采用力矩扳手紧。

（二）[2018年·节选]

背景资料：

某施工单位承建一项建筑机电工程，施工单位组建项目部具体实施，项目部电气施工班组负责建筑电气和智能化分部分项的施工。

施工前，电气工长根据施工图编制了"电缆需用计划""电缆用量统计表"，作为施工图预算、成本分析和材料采购的依据,电缆盘运到现场并具备敷设条件后,电工班组按照"电缆需用计划"组织实施了电缆敷设及电缆接头制作。

在电缆敷设后的检查中,动力照明电缆和智能化电缆分层独立桥架敷设,发现两种电缆桥架内,都有中间接头,并列电缆的中间接头位置相同。

问题:

1.电工班组按照"电缆需用计划"实施电缆敷设的做法是否正确?合理减少电缆接头的措施有哪些?

2.指出电缆中间接头位置有哪些错误,如何整改?

参考答案:

1.不正确。

合理减少电缆接头的措施:编制用电施工组织设计,电缆敷设前应按设计和实际路径计算每根电缆的长度,合理安排每盘电缆。

2.错误之处:并列电缆的中间接头位置相同。

正确做法:并列敷设电缆,有中间接头时应将接头位置错开,明敷电缆的中间接头应用托板托置固定。

（三）[2017年·节选]

背景资料:

某安装公司承包2×200 MW 火力发电厂1#机组的全部机电安装工程,工程主要内容包括锅炉、汽轮发电机组、油浸式电力变压器、110 kV交联电力电缆、化学水系统、输煤系统、电除尘装置等设备的安装。

安装公司项目部进场后,编制了施工组织设计,制定了项目考核标准。施工组织总设计的主要内容有编制依据、工程概况和施工特点分析、主要施工方案、施工进度计划等。施工方案有油浸式电力变压器施工方案、电力电缆敷设方案、电力电缆交接试验方案等。油浸式电力变压器施工方案中的施工程序只有开箱检查、二次搬运、设备就位、吊芯检查。

110 kV电力电缆交接试验时,电气试验人员按照施工方案与《电力设备交接试验标准》要求,对110 kV电力电缆进行了电缆绝缘电阻测量和交流耐压试验。

问题:

1.油浸式电力变压器施工程序中,还缺少哪些工序?

2.110 kV电力电缆交接试验中,还缺少哪几个试验项目?

参考答案:

1.油浸式电力变压器施工程序中,还缺少的工序:附件安装;滤油、注油;交接试验;验收。

2.110 kV电力电缆交接试验中,还缺少的试验项目:直流耐压试验、测量直流电阻、测量泄漏电流、绝缘油试验、线路相位检查。

3.3 管道工程施工技术

考点速记

一、管道工程的施工程序和要求

（一）工业管道的分类

1.按材料性质分类

金属管道	根据《压力管道安全技术监察规程——工业管道》（TSG D0001—2009）的规定，GC 类压力管道根据输送介质、设计压力、设计温度不同，又划分为GC1、GC2、GC3三个等级。
非金属管道	①无机非金属材料管道：混凝土管、石棉水泥管、陶瓷管等。 ②有机非金属材料管道：塑料管、玻璃钢管、橡胶管等。

2.按设计压力分类

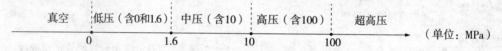

3.按输送介质温度分类

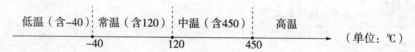

（二）工业管道的组成

组成件	管子、管件、法兰、密封件、紧固件、阀门、安全保护装置以及膨胀节、挠性接头、耐压软管、疏水器、过滤器、管路中的节流装置和分离器等。
支承件	吊杆、弹簧支吊架、恒力支吊架、斜拉杆、平衡锤、松紧螺栓、支撑杆、链条、导轨、锚固件、鞍座、垫板、滚柱、托座、滑动支架、管吊、吊耳、卡环、管夹、U形夹和夹板等。

（三）工业管道工程的施工程序

施工程序	施工准备→配合土建预留、预埋、测量→管道、支架预制→附件、法兰加工、检验→管段预制→管道安装→管道系统检验→管道系统试验→防腐绝热→系统清洗→资料汇总、绘制竣工图→竣工验收。

（四）工业管道施工的技术要求

1.管道施工前应具备的条件

具备的条件	①施工图纸和相关技术文件应齐全,并已按规定程序进行设计交底和图纸会审。 ②施工组织设计或施工方案已经批准,并已进行技术和安全交底。 ③施工人员已按有关规定考核合格。 ④已办理工程开工文件。 ⑤用于管道施工的机械、工器具应安全可靠;计量器具应检定合格并在有效期内。 ⑥已制定相应的职业健康安全与环境保护应急预案。 ⑦压力管道施工前,应向工程所在地的质量技术监督部门办理书面告知,并应接受监督检验单位的监督检验。

2.管道元件和材料的检验

（1）一般检查要求

核对文件	制造厂的产品质量证明文件(产品合格证、质量证明书)。
检查内容	使用前应核对管道元件和材料的材质、规格、型号、数量和标识,进行外观质量和几何尺寸的检查验收,标识应清晰完整,能够追溯到产品的质量证明文件。
异议处理	当对管道元件或材料的性能数据或检验结果有异议时,在异议未解决之前,该批管道元件或材料不得使用。
光谱分析复查	铬钼合金钢、含镍合金钢、镍及镍合金、不锈钢、钛及钛合金材料的管道组成件。
禁止行为	材质为不锈钢、有色金属的管道元件和材料,在运输和储存期间不得与碳素钢、低合金钢直接接触。

（2）阀门检验

外观质量检查	阀体应完好,开启机构应灵活,阀杆应无歪斜、变形、卡涩现象,标牌应齐全。
壳体压力试验和密封试验	试验介质:洁净水(不锈钢阀门试验时,水中的氯离子含量 ≤ 25 ppm)。 试验温度:阀门(20 ℃);试验介质(应为5~40 ℃,不足5 ℃,应采取升温措施)。 试验压力:壳体试验压力 =1.5倍最大允许工作压力;密封试验压力 =1.1倍最大允许工作压力。 试验时间:持续时间 ≥ 5 min。

3.管道加工

卷管制作	卷管的同一筒节上的两纵焊缝间距应≥200 mm。 卷管组对时,相邻筒节两纵缝间距应＞100 mm。 有加固环、板的卷管,加固环、板的对接焊缝应与管子纵向焊缝错开,其间距应≥100 mm。加固环、板距卷管的环焊缝应≥50 mm。 卷管端面与中心线的垂直允许偏差≤min{管子外径的1%,3 mm}。每米直管的平直度偏差≤1 mm。
弯管制作	弯管弯曲半径无设计文件规定时,高压钢管的弯曲半径宜＞管子外径的5倍,其他管子的弯曲半径宜＞管子外径的3.5倍。 弯管制作后的最小厚度不得小于直管的设计壁厚。 GC1级管道和C类流体管道中,输送毒性程度为极度危害介质或设计压力≥10 MPa的弯管,每米管端中心偏差值≤1.5 mm;当直管段长度＞3 m时,其偏差≤5 mm。其他管道的弯管,每米管端中心偏差值≤3 mm;当直管段长度＞3 m时,其偏差≤10 mm。
斜接弯头制作技术要求	公称尺寸＞400 mm的斜接弯头可增加中节数量,其内侧的最小宽度≥50 mm。 斜接弯头的焊接接头应采用全焊透焊缝。当公称尺寸≥600 mm时,宜在管内进行封底焊。 斜接弯头的周长允许偏差应符合下列规定: ①当公称尺寸＞1 000 mm时,允许偏差为±6 mm。 ②当公称尺寸≤1 000 mm时,允许偏差为±4 mm。

4.管道安装

（1）管道穿越道路、墙体、楼板或构筑物时的要求

相关规定	管道穿越道路、墙体、楼板或构筑物时,应加设套管或砌筑涵洞进行保护,并符合下列规定: ①管道焊缝不应设置在套管内。 ②穿过墙体的套管长度≥墙体厚度。 ③穿过楼板的套管应高出楼面50 mm。 ④穿过屋面的管道应设置防水肩和防雨帽。 ⑤管道与套管之间应填塞对管道无害的不燃材料。

（2）钢制管道安装

安装要求	管道对口时应在距接口中心200 mm处测量平直度,管道公称尺寸＜100 mm时,允许偏差为1 mm;管道公称尺寸≥100 mm时,允许偏差为2 mm,且全长允许偏差均为10 mm。 法兰连接应与钢制管道同心,螺栓应能自由穿入。法兰螺栓孔应跨中布置。法兰平面之间应保持平行,其偏差≤min{法兰外径的0.15%,2 mm}。法兰接头的歪斜不得用强紧螺栓的方法消除。 法兰连接应使用同一规格螺栓,安装方向应一致。螺栓应对称紧固。螺栓紧固后应与法兰贴紧,不得有楔缝。当需要添加垫圈时,每个螺栓不应超过一个。所有螺母应全部拧入螺栓,且紧固后的螺栓与螺母宜齐平。 当大直径密封垫片需要拼接时,应采用斜口搭接或迷宫式拼接,不得采用平口对接。

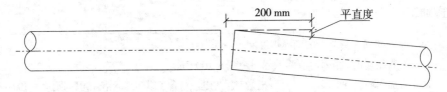

管道对口时的平直度测量示意图

（3）连接设备的管道安装

连接前	管道与动设备连接前,应在自由状态下检验法兰的平行度和同心度。
连接时	管道与设备的连接应在设备安装定位并紧固地脚螺栓后进行,管道与动设备(如空压机、制氧机、汽轮机等)连接时,不得采用强力对口,使动设备承受附加外力。
最终连接	管道系统与动设备最终连接时,应在联轴器上架设百分表监视动设备的位移。当动设备额定转速 > 6 000 r/min时,其位移值应 < 0.02 mm;当额定转速 ≤ 6 000 r/min时,其位移值应 < 0.05 mm。
相关要求	大型储罐的管道与泵或其他有独立基础的设备连接,或储罐底部管道沿地面敷设在支架上时,应在储罐液压(充水)试验合格后安装,或在液压(充水)试验及基础初阶段沉降后,再进行储罐接口处法兰的连接。 管道安装合格后,不得承受设计以外的附加荷载。 管道试压、吹扫与清洗合格后,应对该管道与动设备的接口进行复位检查。

（4）伴热管道安装

安装要求	伴热管应与主管平行安装,并应能自行排液。当一根主管需多根伴热管伴热时,伴热管之间的相对位置应固定。
	水平伴热管宜安装在主管的下方一侧或两侧,或靠近支架的侧面。铅垂伴热管应均匀分布在主管周围。
	伴热管不得直接点焊在主管上。弯头部位的伴热管绑扎带不得少于3道,直管段伴热管绑扎点间距应符合规定。对不允许与主管直接接触的伴热管,伴热管与主管之间应设置隔离垫。伴热管经过主管法兰、阀门时,应设置可拆卸的连接件。

（5）夹套管安装

安装要求	①夹套管外管经剖切后安装时,纵向焊缝应设置于易检修的部位。 ②夹套管的定位板安装宜均匀布置,且不影响环隙介质的流动和管道的热位移。

（6）阀门安装

安装要求	阀门安装前,应按设计文件核对其型号,并应按介质流向确定其安装方向。 当阀门与管道以法兰或螺纹方式连接时,阀门应在关闭状态下安装。以焊接方式连接时,阀门应在开启状态下安装。对接焊缝底层宜采用氩弧焊,且应对阀门采取防变形措施。 安全阀安装应垂直安装,安全阀的出口管道应接向安全地点,进出管道上设置截止阀时,安全阀应加铅封,且应锁定在全开启状态。

（7）支、吊架安装

管道有无热位移	无热位移的管道，其吊杆应垂直安装。 有热位移的管道，其吊杆应偏置安装，吊点应设在位移的相反方向，并按位移值的1/2偏位安装。两根有热位移的管道不得使用同一吊杆。
固定支架	固定支架应按设计文件的规定安装，并应在补偿装置预拉伸或预压缩之前固定。没有补偿装置的冷、热管道直管段上，不得同时安置2个及2个以上的固定支架。
导向或滑动支架	导向支架或滑动支架的滑动面应洁净平整，不得有歪斜和卡涩现象。有热位移的管道，支架安装位置应从支承面中心向位移反方向偏移，偏移量应为位移值的1/2,绝热层不得妨碍其位移。
弹簧支、吊架	弹簧支、吊架的弹簧高度，应按设计文件规定安装，弹簧应调整至冷态值，并做记录。弹簧的临时固定件，如定位销(块)，应待系统安装、试压、绝热完毕后方可拆除。

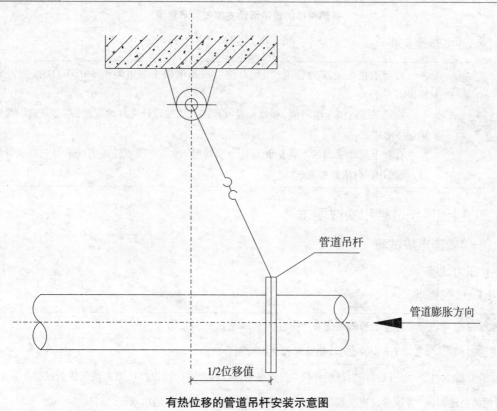

管道吊杆

管道膨胀方向

1/2位移值

有热位移的管道吊杆安装示意图

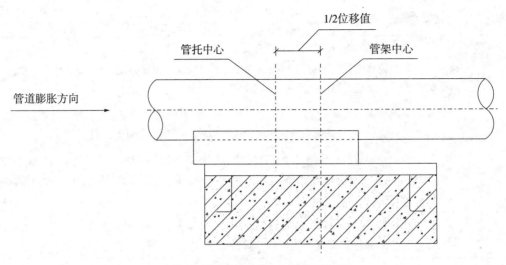

有热位移的管道滑动支架安装示意图

（8）静电接地安装

相关要求	有静电接地要求的管道，当每对法兰或其他接头间电阻值 > 0.03 Ω 时，应设导线跨接。 管道系统的接地电阻值、接地位置及连接方式按设计文件的规定，静电接地引线宜采用焊接形式。 有静电接地要求的不锈钢和有色金属管道，导线跨接或接地引线不得与管道直接连接，应采用同材质连接板过渡。

二、管道系统试验和吹洗要求

（一）管道系统试验

1.压力试验

（1）试验要求

试验目的	检验管道的强度和严密性。
试验时间	管道安装完毕，热处理和无损检测合格后。
试验介质	应以液体为试验介质（当管道的设计压力 ≤ 0.6 MPa 时，可采用气体为试验介质）。
泄漏的处理	试验过程发现泄漏时，不得带压处理。消除缺陷后应重新进行试验。
相关规定	脆性材料严禁使用气体进行试验，压力试验温度严禁接近金属材料的脆性转变温度。 进行压力试验时，划定禁区，无关人员不得进入。 试验结束后及时拆除盲板、膨胀节临时约束装置。 压力试验完毕，不得在管道上进行修补或增添物件。当在管道上进行修补或增添物件时，应重新进行压力试验。经设计或建设单位同意，对采取了预防措施并能保证结构完好的小修和增添物件，可不重新进行压力试验。

（2）压力试验前应具备的条件

应具备的条件	①试验范围内的管道安装工程除防腐、绝热外，已按设计图纸全部完成，安装质量符合有关规定。 ②焊缝及其他待检部位尚未防腐和绝热。 ③管道上的膨胀节已设置临时约束装置。 ④试验用压力表已校验，并在有效期内，其精度不得低于1.6级，表的满刻度值应为被测最大压力的1.5~2倍，压力表不得少于2块。 ⑤符合压力试验要求的液体或气体已备齐。 ⑥管道已按试验的要求进行加固。 ⑦待试管道与无关系统已用盲板或其他措施隔离。 ⑧待试管道上的安全阀、爆破片及仪表元件等已拆下或已隔离。 ⑨试验方案已批准，并已进行技术安全交底。 ⑩在压力试验前，相关资料已经建设单位和有关部门复查。 相关资料包括：管道元件的质量证明文件、管道组成件的检验或试验记录、管道加工和安装记录、焊接检查记录、检验报告和热处理记录、管道轴测图、设计变更及材料代用文件。

（3）压力试验替代的规定

GC3级管道	对GC3级管道，经设计和建设单位同意，可在试车时用管道输送的流体进行压力试验。输送的流体是气体或蒸汽时，压力试验前按照气体试验的规定进行预试验。
管道的设计压力	当管道的设计压力 > 0.6 MPa时，设计和建设单位认为液压试验不切实际时，可按规定的气压试验代替液压试验。
现场条件不允许进行试验	现场条件不允许进行液压和气压试验时，经过设计和建设单位同意，可同时采用下列方法代替压力试验： ①所有环向、纵向对接焊缝和螺旋缝焊缝应进行100%射线检测或100%超声检测。 ②除环向、纵向对接焊缝和螺旋缝焊缝以外的所有焊缝（包括管道支承件与管道组成件连接的焊缝）应进行100%渗透检测或100%磁粉检测。 ③由设计单位进行管道系统的柔性分析。 ④管道系统采用敏感气体或浸入液体的方法进行泄漏试验，试验要求应在设计文件中明确规定。

（4）液压试验实施要点

试验介质	洁净水（对不锈钢、镍及镍合金钢管道，或对连有不锈钢、镍及镍合金钢管道或设备的管道，水中氯离子含量 ≥ 25 ppm）。
试验温度	环境温度宜 ≥ 5 ℃（当环境温度 < 5 ℃时，应采取防冻措施）。
试验压力	承受内压的地上钢管道及有色金属管道：试验压力 = 1.5倍设计压力。 埋地钢管道：试验压力 = max{1.5倍设计压力，0.4 MPa}。
	管道与设备作为一个系统进行压力试验的规定： ①当管道的试验压力 ≤ 设备的试验压力时，应按管道的试验压力进行试验。 ②当无法将管道与设备隔开，且管道试验压力 > 设备的试验压力 > 按相关规范计算的管道试验压力的77%时，经设计或建设单位同意，可按设备的试验压力进行试验。

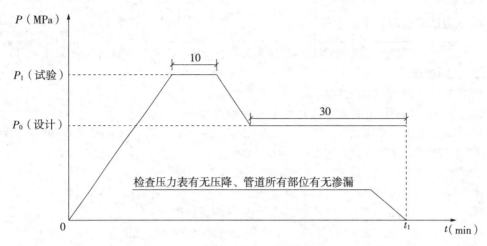

液压试验过程示意图

（5）气压试验实施要点

试验介质	干燥洁净的空气、氮气或其他不易燃和无毒的气体。
试验压力	承受内压钢管道及有色金属管道：试验压力＝1.5倍设计压力。 真空管道：试验压力＝0.2 MPa。 试验时应装有压力泄放装置，其设定压力≤1.1倍试验压力。 试验前，应用空气进行预试验，试验压力宜为0.2 MPa。

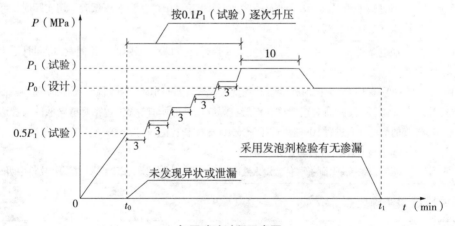

气压试验过程示意图

（6）泄漏性试验

对象	输送极度和高度危害介质以及可燃介质的管道，必须进行泄漏性试验。
试验介质	宜采用空气。
试验时间	压力试验合格后，可结合试车一并进行。
试验压力	设计压力。
试验过程及判定	泄漏性试验应逐级缓慢升压，当达到试验压力，并且停压10 min后，采用涂刷中性发泡剂等方法，巡回检查阀门填料函、法兰或螺纹连接处、放空阀、排气阀、排净阀等所有密封点应无泄漏。

（7）真空度试验

规定	真空系统在压力试验合格后，还应按设计文件规定进行24 h的真空度试验。 真空度试验按设计文件要求，对管道系统抽真空，达到设计规定的真空度后，关闭系统，24 h后系统增压率应≤5%。

（二）管道吹扫与清洗

1.一般规定

（1）吹扫与清洗方案的内容

方案的内容	吹扫与清洗程序、方法、介质、设备；吹扫与清洗介质的压力、流量、流速的操作控制方法；检查方法、合格标准；安全技术措施及其他注意事项。

（2）吹扫与清洗方法与顺序

方法确定的依据	管道的使用要求、工作介质、系统回路、现场条件及管道内表面的脏污程度。
具体方法	①公称直径≥600 mm的液体或气体管道，宜采用人工清理。 ②公称直径＜600 mm的液体管道宜采用水冲洗。 ③公称直径＜600 mm的气体管道宜采用压缩空气吹扫。 ④蒸汽管道应采用蒸汽吹扫。 ⑤非热力管道不得采用蒸汽吹扫。
顺序	主管→支管→疏排管。

2.各类介质冲洗（吹扫）实施要点

水冲洗	介质：洁净水（对于不锈钢、镍及镍合金钢管道，水中氯离子含量≤25 ppm）。 水冲洗流速≥1.5 m/s，冲洗压力≤管道的设计压力。 水冲洗排放管的截面积应≥被冲洗管截面积的60%，排水时不得形成负压。 连续进行冲洗，当设计无规定时，以排出口的水色和透明度与入口水目测一致为合格。
空气吹扫	吹扫压力≤系统容器和管道的设计压力，吹扫流速宜≥20 m/s。 吹扫过程中，当目测排气无烟尘时，应在排气口设置贴有白布或涂刷白色涂料的木制靶板检验，吹扫5 min后靶板上无铁锈、尘土、水分及其他杂物为合格。
蒸汽吹扫	蒸汽管道吹扫前，管道系统的绝热工程应已完成。 蒸汽管道应以大流量蒸汽进行吹扫，流速≥30 m/s，吹扫前先行暖管、及时疏水，检查管道热位移。 蒸汽吹扫应按加热→冷却→再加热的顺序循环进行，并采取每次吹扫一根，轮流吹扫的方法。
油清洗	不锈钢油系统管道宜采用蒸汽吹净后进行油清洗。 油清洗应采用循环的方式进行。每8 h应在40~70 ℃内反复升降油温2~3次，并及时更换或清洗滤芯。 油清洗合格后的管道，采取封闭或充氮保护措施。

真题演练

一、单选题

[2018年] 下列管道试验中,可结合试车一并进行的是(　　)。

A.真空试验　　　　　　　　　　B.通球试验

C.泄漏性试验　　　　　　　　　D.压力试验

【答案】C。

二、多选题

1.[2019年] 下列管道器件中,属于管道组成件的有(　　)。

A.过滤器　　　　　　　　　　　B.密封件

C.疏水器　　　　　　　　　　　D.紧固件

E.锚固件

【答案】ABCD。

2.[2017年] 关于管道系统压力试验前应具备条件的说法,正确的有(　　)。

A.管道上的膨胀节已设置了临时约束装置

B.管道防腐及绝热工程已全部结束

C.符合压力试验要求的液体或气体已经备齐

D.试验方案已经过批准,并已进行安全交底

E.至少有1块在周检期内检验合格的压力表

【答案】ACD。

3.[2016年] 工业管道系统泄漏性试验的正确实施要点有(　　)。

A.泄漏性试验的试验介质宜采用空气

B.试验压力为设计压力的1.15倍

C.泄漏性试验应在压力试验前进行

D.泄漏性试验可结合试车一并进行

E.输送极度和高度危害介质的管道必须进行泄漏性试验

【答案】ADE。

4.[2015年] 下列工业管道水冲洗实施要点中,正确的有(　　)。

A.冲水流速不得低于1.5 m/s

B.排水时不得形成负压

C.出口的水色和透明度与入口水目测一致

D.使用洁净水连续进行冲洗

E.水中氯离子含量不得超过30 ppm

【答案】ABCD。

三、实务操作和案例分析题

（一）［2015年·节选］

背景资料：

燃油泵的进口管道焊缝要求100%射线检测，因阀门和法兰未到货，迟迟未能焊接。为了不影响单机试运行的进度要求，阀门和法兰到达施工现场之后，安装公司项目部马上安排施工人员进行管道和法兰的施焊，阀门同时安装就位。

问题：

阀门在安装前应检查哪些内容？

参考答案：

阀门在安装前应检查的内容：①文件性检查。查验质量证明文件，阀门上应有制造厂铭牌，铭牌上应有制造厂名称、阀门型号、公称压力、公称通径等标识。②外观检查。阀体应完好，开启机构应灵活，阀杆应无歪斜、变形、卡涩现象。③阀门进行壳体压力试验和密封性试验。

（二）［2016年·节选］

背景资料：

A公司中标管道施工任务后，即组织编制相应的职业健康与环境保护应急预案；与相关单位完成了设计交底和图纸会审；合格的施工机械、工具及计量器具到场后，立即组织管道施工。监理工程师发现管道施工准备工作尚不完善，责令其整改。

问题：

A公司在管道施工前，还应完善哪些工作？

参考答案：

A公司在管道施工前，还应完善的工作如下：

①获取齐全的施工图纸和相关技术文件，并已按规定程序进行设计交底和图纸会审。

②获取已经批准的施工组织设计或施工方案，并已进行技术和安全交底。

③施工人员已按有关规定考核合格。

④已办理工程开工文件。

⑤查看用于管道施工的机械、工器具是否安全可靠；计量器具确保检定合格并在有效期内。

⑥应向工程所在地的质量技术监督部门办理书面告知，并接受监督检验单位的监督检验。

3.4 动力和发电设备安装技术

考点速记

一、汽轮发电机设备的安装技术要求

（一）汽轮发电机系统主要设备

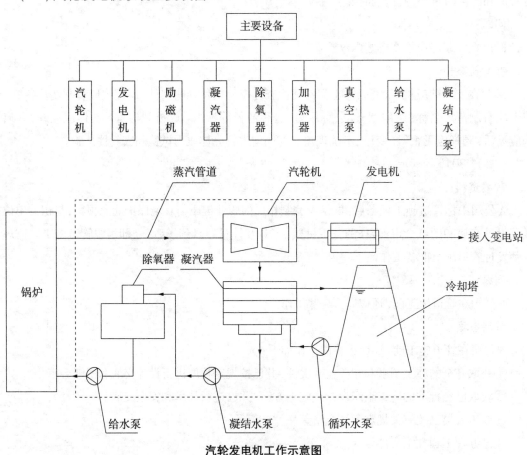

汽轮发电机工作示意图

1. 汽轮机的分类和组成

（1）分类

分类标准	具体类别
工作原理	冲动式汽轮机和反动式汽轮机。
热力特性	凝汽式汽轮机、背压式汽轮机、抽气式汽轮机、抽气背压式汽轮机和多压式汽轮机。

（续表）

分类标准	具体类别
主蒸汽压力	低压汽轮机、中压汽轮机、高压汽轮机、超高压汽轮机、亚临界压力汽轮机、超临界压力汽轮机和超超临界压力汽轮机。
结构形式	单级汽轮机和多级汽轮机。
气流方向	轴流式、辐流式和周流（回流）式汽轮机。
用途	工业驱动用汽轮机和电站汽轮机。

（2）组成

组成部分	汽轮机本体设备、蒸汽系统设备、凝结水系统设备、给水系统设备和其他辅助设备。
汽轮机本体	静止设备：汽缸、喷嘴组、隔板、隔板套、汽封、轴承及紧固件等。 转动部分：叶栅、叶轮、主轴、联轴器、盘车器、止推盘、机械危急保安器等。

（二）汽轮机的安装技术要求

1.工业小型汽轮机的安装技术要求

（1）整装与散装

整装	整装汽轮机安装的施工重点及难点：汽轮机与被驱动机械联轴节的对中找正及调整安装。

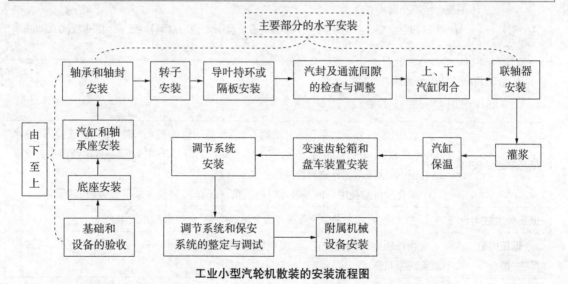

工业小型汽轮机散装的安装流程图

（2）安装质量控制点

基础检验，划线垫铁安装	复查基础的标高、平面尺寸、孔洞尺寸，保证基础表面平整，无缺陷及垫铁位置合理。
台板、汽缸、轴承座安装	汽缸纵横中心线，设备安装标高等；二次灌浆的强度、密实情况，确保上下部件联结和受热膨胀不致受阻；设备精找正、找平和联轴器对中后，设备底部与基础之间的灌浆强度。

（续表）

油润滑、油循环系统	保证油系统无泄漏,投用后管道清洁、畅通,并无振动现象。油质经过化验检查合格。

（3）主要设备的安装技术要点

凝汽器安装	凝汽器结构尺寸相当庞大,其支承方式多采取直接坐落在凝汽器基础上的支承形式。凝汽器与低压缸排汽口之间的连接,采用具有伸缩性能的中间连接段,凝汽器与汽缸连接的全过程中,不得改变汽轮机的定位尺寸,并不得给汽缸附加额外应力。 安装顺序:凝汽器壳体内的管板、低压加热器的安装→低压缸就位→管束穿管和连接。
下汽缸安装	下汽缸纵向水平以转子根据洼窝找好中心后的轴颈扬度为准。
转子安装	转子吊装应使用由制造厂提供并具备出厂试验证书的专用横梁和吊索,否则应进行200%的工作负荷试验(时间为1h)。 转子测量应包括:轴颈圆度和圆柱度的测量;转子跳动测量(径向、端面和推力盘不平度);转子水平度测量。
汽缸扣盖安装	程序:内部零部件安装→采用压缩空气吹扫汽缸内各部件及其空隙→试扣→抹涂料→正式扣盖→螺栓紧固。 ①扣盖工作从下汽缸吊入第一个部件开始至上汽缸就位且紧固连接螺栓为止,全程工作应连续进行,不得中断。 ②汽轮机正式扣盖之前,应将内部零部件全部装齐后进行试扣,以便对汽缸内零部件的配合情况全面检查。 ③试扣空缸要求在自由状态下0.05 mm塞尺不入;紧1/3螺栓后,从内外检查0.03 mm塞尺不入。

2. 电站汽轮机的安装技术要求

（1）低压缸组合安装技术要点

低压缸组合安装	程序:低压外下缸后段(电机侧)与低压外下缸前段(汽侧)先分别就位,调整水平、标高、找中心后试组合,符合要求后,将前、后段分开一段距离,再次清理检查垂直结合面,确认清洁无异物后再进行正式组合。 组合时汽缸找中心的基准可以用激光、拉钢丝(目前多采用)、假轴、转子等。
低压外上缸组合	先试组合,以检查水平、垂直结合面间隙,符合要求后正式组合。
低压内缸组合	当低压内缸就位找正、隔板调整完成后,低压转子吊入汽缸中并定位后,再进行通流间隙调整。

（2）轴系对轮中心的找正

轴系对轮中心找正	主要内容:对高中压对轮中心、中低压对轮中心、低压对轮中心和低压转子—电转子对轮中心的找正。 在轴系对轮中心找正时,首先,要以低压转子为基准。 轴系中心找正要进行多次,即:轴系初找,凝汽器灌水至运行重量后的复找,汽缸扣盖前的复找,基础二次灌浆前的复找,基础二次灌浆后的复找,轴系联结时的复找。

(三)发电机的安装技术要求

1.发电机安装程序

安装程序	定子就位→定子及转子水压试验→发电机穿转子→氢冷器安装→端盖、轴承、密封瓦调整安装→励磁机安装→对轮复找中心并连接→整体气密试验。

2.安装技术要求

气密性试验	发电机转子穿装前进行单独气密性试验。待消除泄漏后,应再经漏气量试验,试验压力和允许漏气量应符合制造厂规定。
发电机转子穿装	发电机转子穿装工作必须在完成机务(如支架、千斤顶、吊索等服务准备工作)、电气与热工仪表的各项工作后,会同有关人员对定子和转子进行最后清扫检查,确信其内部清洁,无任何杂物并经签证后方可进行。 发电机转子穿装常用的方法:滑道式方法、接轴的方法、用后轴承座作平衡重量的方法、用两台跑车的方法等。

二、锅炉设备的安装技术要求

(一)锅炉系统主要设备

1.锅炉系统的组成(本体设备+燃烧设备+辅助设备)

本体设备	①锅:汽包、下降管、集箱(联箱)、水冷壁、过热器、再热器、气温调节装置、排污装置、省煤器及其连接管路的汽水系统。 ②炉:炉膛(钢架)、炉前煤斗、炉排(炉算)、分配送风装置、燃烧器、烟道、预热器、除渣板等。
辅助设备	燃料供应系统设备、送引风设备、汽水系统设备、除渣设备、烟气净化设备、仪表和自动控制系统设备等。

2.汽包的结构及其作用

结构	汽包是用钢板焊制成的圆筒形容器,它由筒体和封头两部分组成。
作用	汽包既是自然循环锅炉的一个主要部件,同时又是将锅炉各部分受热面,如下降管、水冷壁、省煤器和过热器等连接在一起的构件;它的储热能力可以提高锅炉运行的安全性;在负荷变化时,可以减缓气压变化的速度,保证蒸汽品质。

3.水冷壁的结构及其作用

结构	水冷壁是锅炉主要的辐射蒸发受热面,一般分为管式水冷壁和膜式水冷壁两种。小容量中、低压锅炉多采用光管式水冷壁,大容量高温高压锅炉一般均采用膜式水冷壁。
作用	吸收炉膛内的高温辐射热量以加热工质,并使烟气得到冷却,以便进入对流烟道的烟气温度降低到不结渣的温度,可以保护炉墙,从而炉墙结构可以做得轻一些、薄一些。 在蒸发同样多水的情况下,采用水冷壁比采用对流管束节省钢材。

（二）锅炉系统主要设备的安装技术要求

1.系统安装施工程序

安装程序	基础和材料验收→钢架组装及安装→汽包安装→集箱安装→水冷壁安装→空气预热器安装→省煤器安装→低温过热器安装→高温过热器安装→刚性梁安装→本体管道安装→阀门及吹灰设备安装→燃烧器、油枪、点火枪的安装→烟道、风道的安装→炉墙施工→水压试验→风压试验→烘炉、煮炉、蒸汽吹扫→试运行。

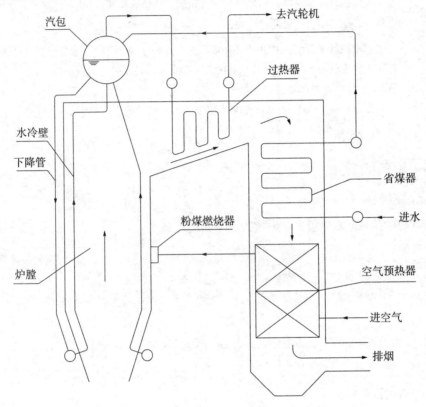

锅炉工作原理示意图

2.工业锅炉安装技术要点

（1）整装锅炉安装

安装主要程序	锅炉基础复查→锅炉设备与技术资料的核对检查→锅炉设备就位找正→附件安装→工艺管路的安装→水压试验→单机试运转→报警及联锁试验→锅炉热态调试与试运转。
技术安装要点	锅炉设备与技术资料的核对检查内容： ①核对锅炉结构、参数。 ②对锅炉厂家焊缝质量进行直观抽检，必要时用X射线探伤抽检。 ③测量锅壳焊缝错开量。 ④检查前、后管板与管束的连接形式（胀接或焊接）是否符合要求。 ⑤查阅分汽包及主要管道材质、受压元件强度计算等技术资料是否符合要求。 整装锅炉的省煤器为整体组件出厂，安装前应进行水压试验。

（2）散装锅炉安装

安装程序	设备的清点检查和验收→基础验收→基础放线→设备搬运及起重吊装→钢架及梯子平台的安装→汽包安装→锅炉本体受热面的安装→尾部受热面的安装→燃烧设备的安装→附属设备安装→热工仪表保护装置安装。
汽包安装	施工程序:汽包的划线→汽包支座的安装→汽包吊环的安装→汽包的吊装→汽包的找正。
受热面安装	受热面管子应进行通球试验,合金材质应进行光谱复查。 使用胀接工艺的受热面管,安装前要对管子进行1:1的放样校管,管口进行退火处理,退火温度一般控制在600~650 ℃,退火长度为100~150 mm,管子胀接使用胀管器进行,胀管率一般控制在1.3%~1.5%。 使用焊接工艺的受热面,应严格执行焊接工艺评定,受热面组件吊装选择好中心和吊装方法,确定好绑扎位置,不得将绳子捆在管束上,防止吊装时管子变形和损伤。

3.锅炉主要设备的安装技术要点

（1）锅炉钢架安装

施工程序	基础检查划线→柱底板安装、找正→立柱、垂直支撑、水平梁、水平支撑安装→整体找正→高强度螺栓终紧→平台、扶梯、栏杆安装→顶板梁安装等。
安装找正的方法	①用拉钢卷尺检查中心位置和大梁间的对角线误差。 ②用经纬仪检查立柱垂直度。 ③用水准仪检查大梁水平度。 ④用水平仪测查炉顶水平度。

（2）锅炉本体受热面安装

施工程序	设备清点检查→通球试验→联箱找正划线→管子就位对口和焊接。
施工场地	锅炉受热面施工场地是根据设备组合后体积、重量以及现场施工条件来决定的。
组合形式	锅炉受热面组合形式是根据设备的结构特征及现场的施工条件来决定的。 ①直立式组合:优点在于组合场占用面积少,便于组件的吊装;缺点在于钢材耗用量大,安全状况较差。 ②横卧式组合:克服了直立式组合的缺点;其不足在于占用组合场面积多,且在设备竖立时,若操作处理不当则可能造成设备变形或损伤。

（三）锅炉热态调试与试运转

1.烘炉

种类	根据现场的条件和锅炉的结构形式,可分别采用火焰烘炉、蒸汽烘炉、蒸汽和火焰混合烘炉。
注意事项	烘炉时应注意温度要保证稳定。锅炉保持正常水位,进水温度尽可能接近炉水温度。

2.煮炉

目的	利用化学药剂在运行前清除锅内的铁锈、油脂和污垢、水垢等,以防止蒸汽品质恶化,并避免受热面因结垢而影响传热和烧坏。
要求	①煮炉最好在烘炉的后期,与烘炉同时进行,以缩短时间和节约燃料。 ②煮炉时间一般为2~3 d,如在较低的压力下煮炉,则应适当延长煮炉时间。

3.蒸汽管路的冲洗与吹洗

范围	减温水管系统和锅炉过热器、再热器及过热蒸汽管道。
要求	吹洗过程中,至少有一次停炉冷却(时间12 h以上),以提高吹洗效果。

4.锅炉试运行

要求	①锅炉试运行必须是在烘炉煮炉合格的前提下进行。 ②在试运行时使锅炉升压:在锅炉启动时升压应缓慢,升压速度应控制,尽量减小壁温差以保证锅筒的安全工作。 ③认真检查人孔、焊口、法兰等部件,如发现有泄漏时应及时处理。 ④仔细观察各联箱、锅筒、钢架、支架等的热膨胀及其位移是否正常。 ⑤试运行完毕后,按规定办理移交签证手续。

三、光伏与风力发电设备的安装技术要求

(一)光伏发电设备

1.光伏发电设备的组成及施工程序

设备组成	光伏发电设备主要由光伏支架、光伏组件、汇流箱、逆变器、电气设备等组成。光伏支架包括跟踪式支架、固定支架和手动可调支架等。
安装程序	施工准备→基础检查验收→设备检查→光伏支架安装→光伏组件安装→汇流箱安装→逆变器→电气设备安装→调试→验收。

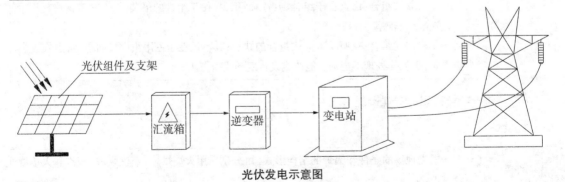

光伏发电示意图

2.光伏发电设备的安装技术要求

支架安装	固定支架和手动可调支架采用型钢结构的，支架倾斜度符合设计要求，手动可调支架调整动作灵活，跟踪式支架与基础固定牢固。
光伏组件安装	光伏组件及各部件设备采用螺栓进行固定，力矩符合产品或设计的要求。光伏组件之间的接线在组串后应进行光伏组件串的开路电压和短路电流的测试，施工时严禁接触组串的金属带电部位。
汇流箱安装	汇流箱安装垂直度偏差应 < 1.5 mm。
逆变器安装	逆变器基础型钢其顶部应高出抹平地面10 mm并有可靠的接地。

（二）风力发电设备

1.风力发电设备的组成及安装程序

设备组成	主要包括塔筒、机舱、发电机、轮毂、叶片、电气设备等。
安装程序	施工准备→基础环平台及变频器、电器柜→塔筒安装→机舱安装→发电机安装→叶片与轮毂组合→叶轮安装→其他部件安装→电气设备安装→调试试运行→验收。

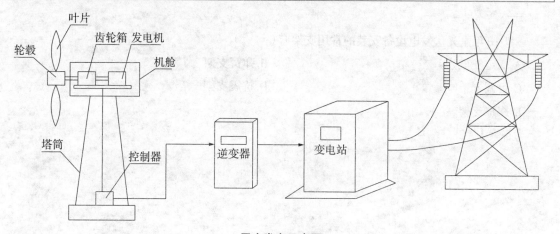

风力发电示意图

2.风力发电设备的安装技术要求

基础环安装	在基础上安装基础环，固定螺栓使用力矩扳子紧固，达到厂家资料的要求。
塔筒安装	塔筒分多段供货，现场根据塔筒重量、尺寸以及安装高度选择吊车的吊装工况。按照由下至上的吊装顺序进行塔筒的安装。塔筒结合面法兰清理打磨干净，塔筒就位紧固后塔筒法兰内侧的间隙应 < 0.5 mm。
机舱安装	使用主吊机械吊装机舱就位，之后安装风速仪、风向仪支架、航空灯、额头及空冷风机罩。
叶轮安装	先将轮毂固定在组合支架上与三个叶片进行组合，之后使用吊装机械吊装组合后的叶轮组件，吊装中叶片与吊绳间进行防护。

真题演练

一、单选题

1.［2018年］锅炉系统安装程序中,水冷壁安装的紧前工序是（　　）。

A.钢架组合安装 　　　　　　　　B.集箱安装

C.汽包安装 　　　　　　　　　　D.省煤器安装

【答案】B。

2.［2015年］汽轮机低压外下缸组合时,汽缸找中心的基准目前多采用（　　）。

A.激光法 　　　　　　　　　　　B.拉钢丝法

C.假轴法 　　　　　　　　　　　D.转子法

【答案】B。

二、多选题

［2019年］光伏发电设备安装的常用支架有（　　）。

A.固定支架 　　　　　　　　　　B.弹簧支架

C.可调支架 　　　　　　　　　　D.抗震支架

E.跟踪支架

【答案】ACE。

3.5 静置设备及金属结构的制作与安装技术

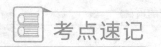 考点速记

一、静置设备的制作与安装技术要求

（一）钢制焊接常压容器

1.范围

范围	执行标准:《钢制焊接常压容器》(NB/T 47003.1—2009)。 圆形筒容器:–0.02 MPa < 设计压力 < 0.1 MPa。 矩形容器:设计压力为零。 非合金钢:沸腾钢(0~250 ℃);镇静钢(0~350 ℃)。

2.制作技术

法兰	法兰面应垂直于接管或圆筒的主轴中心线。法兰的螺栓通孔应与壳体主轴线或铅垂线跨中布置。有特殊要求时,应在图样上注明。
焊接资料	焊接工艺评定报告、焊接工艺规程、施焊记录及焊工的识别标记,应保存3年。
返修	返修次数、部位和返修情况应记入容器的质量证明书。
焊接接头	除另有规定,容器对接焊接接头需进行局部射线或超声检测,检测长度不得少于各条焊接接头长度的10%。局部无损检测应优先选择T形接头部位。
试验要求	容器制造完成后,应按图样要求进行盛水试验、液压试验、气压试验、气密性试验或煤油渗漏试验等。 试验液体一般采用水,需要时也可采用不会导致危险的其他液体。试验气体一般采用干燥、洁净的空气,需要时也可采用氮气或其他惰性气体。 试验时应采用两个经校正的,且量程相同的压力表,压力表的量程为试验压力的2倍左右。 在图样允许的情况下或经设计单位同意,可以用煤油渗漏试验代替盛水试验。

3.安装技术

（1）容器出厂质量证明文件

产品合格证	—
容器说明书	①容器特性(包括设计压力、试验压力、设计温度、工作介质)。 ②容器总图(由订货单位供图时可不包括此项)。 ③容器主要零部件表。 ④容器热处理状态与禁焊等特殊说明。

（续表）

质量证明书	①主要零部件材料的化学成分和力学性能。 ②无损检测结果。 ③压力试验结果。 ④与图样不符的项目。

（2）容器铭牌

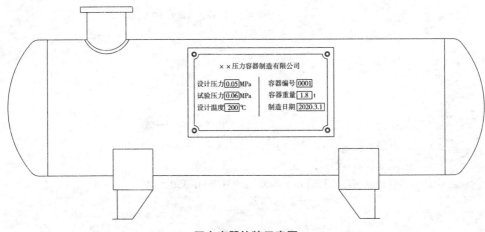

压力容器铭牌示意图

（二）压力容器

1.分类

分类	按特种设备目录压力容器的分类:固定式压力容器、移动式压力容器、气瓶和氧舱。 固定式压力容器分类应当根据介质特征,按照压力容器分类图,再根据设计压力和容积划出类别:Ⅰ、Ⅱ、Ⅲ。 按工艺过程中的作用不同的分类:反应容器、换热容器、分离容器、贮运容器。

2.制作与安装技术

（1）塔式容器

到货状态	整体到货、分段到货、分片到货。
基础验收	复测基础并对表面进行处理,应符合要求。基础混凝土强度≥设计强度的75%,有沉降观测要求的,应设有沉降观测点。确认安装基准线,有明显标识。
安装程序	整体安装:吊装就位→找平找正→灌浆抹面→内件安装→检查封闭。

（2）卧式容器

安装标高的基准	设备支座的底面作为安装标高的基准。
水平度的测量基准	设备两侧水平方位线作为水平度的测量基准。

（续表）

要求	卧式设备滑动端基础预埋板的上表面应光滑平整，不得有挂渣、飞溅物。水平度为2 mm/m。混凝土基础抹面不得高出预埋板的上表面。检验方法：用水准仪、水平尺现场测量。

（3）管壳式换热器

试验要求	安装热交换器应按设计文件或规范要求调整，检查水平度和垂直度。必要时，安装前应进行耐压试验。 现场进行管束抽芯检查后，还应进行耐压试验，图样有规定时还应进行泄漏试验。

（4）钢制球形储罐

散装法（7带）	施工程序：支柱上、下段组装→赤道带安装→下温带安装→下寒带安装→上温带安装→上寒带安装→上、下极安装→调整及组装质量总体检查。
分片法	可用于公称容积≤1 500 m³的球罐组装。
焊接顺序	焊接程序原则：先焊纵缝，后焊环缝；先焊短缝，后焊长缝；先焊坡口深度大的一侧，后焊坡口深度小的一侧。 焊条电弧焊时，焊工应对称分布、同步焊接，在同等时间内超前或滞后的长度宜≤500 mm。焊条电弧焊的第一层焊道应采用分段退焊法。多层多道焊时，每层焊道引弧点宜依次错开25~50 mm。
焊后整体热处理	球形罐根据设计图样要求、盛装介质、厚度、使用材料等确定是否进行焊后整体热处理。球形罐焊后整体热处理应在压力试验前进行。

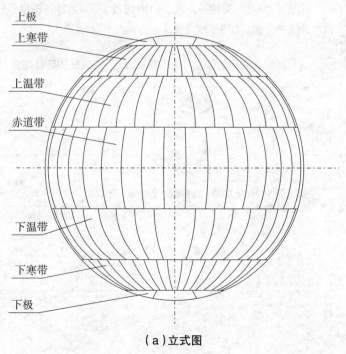

（a）立式图

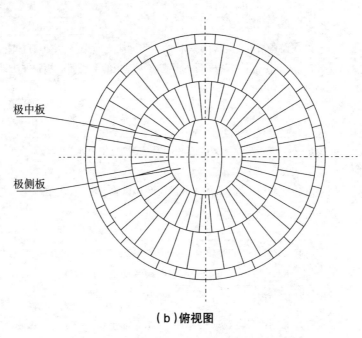

极中板

极侧板

（b）俯视图

桔瓣式7带钢制球形储罐示意图

（三）固体料仓

铝及铝合金坡口清洗	料仓焊接前，铝及铝合金焊条、垫板、坡口及其两侧各50 mm范围内的表面应进行清洗，一般的清洗方法：油污应用无机非可燃清洗剂（丙酮等）去除；氧化膜应采用化学或机械方法去除。经化学清洗后不得有水迹、碱迹，否则应重新清洗。 　　化学清洗程序：除油→碱洗（NaOH溶液）→清水冲洗→中和钝化（HNO_3溶液）→清水冲洗→干燥（无油压缩空气吹干或室内干燥）。
铝及铝合金焊接变形修复	对局部焊接变形的修复可采用机械方法、点或线加热急冷法、热加工法。

（四）储罐

1.分类

大型储罐	公称直径≥30 m或公称容积≥1 000 m^3的储罐。
LNG储罐	储罐分类为：单容罐、双容罐、全容罐、薄膜罐。

2.制作与安装技术

（1）储罐壁板安装（正装法，从下至上；倒装法，从上至下）

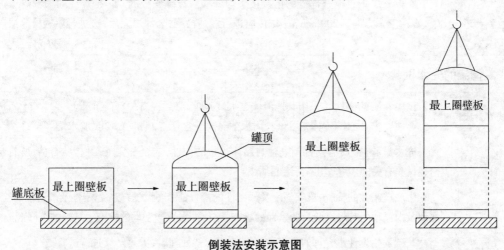

倒装法安装示意图

（2）LNG储罐

安装要求	①所有用于主液体容器和次液体容器的板材都应分别独立搬运和存放，以使各种材料不会互混。要采取足够的防风保护措施。"低温材料"应做适当标记。 ②各种临时附件应使用与要附着的材料所使用的相同的焊接工艺进行焊接。临时附件应使用热切割、刨削，或打磨的方法除掉。在热切割或刨削焊缝以后，应保留2 mm材料，并磨平到光滑表面；在除掉临时附件以后，应进行裂纹探测。不允许在薄膜上焊接临时附件。 ③单容罐、双容罐和全容罐的主液体容器和次液体容器，应保证罐壁最厚板和罐壁最薄板的纵焊缝以及每一种相应的焊接工艺至少各制作一块产品焊接试板。

（五）静置设备的检验试验要求

1.压力容器产品焊接试件要求

目的	为检验产品焊接接头的力学性能和弯曲性能，应制作产品焊接试件，制取试样，进行拉力、弯曲和规定的冲击试验。
试件制取	圆筒形压力容器：在筒节纵向焊缝的延长部分。 球罐：立焊、横焊、平焊加仰焊位置的试件各一块。
焊接工艺	产品焊接试件的材料、焊接和热处理工艺，应在其所代表的受压元件焊接接头的焊接工艺评定合格范围内。
检测要求	产品焊接试件经外观检查和射线（或超声）检测，如不合格，允许返修，如不返修，可避开缺陷部位截取试样。

2.大型储罐底板三层搭接焊缝检测

检测要求	底板三层钢板重叠部分的搭接接头焊缝和对接罐底板的"T"形焊缝的根部焊道焊完后,在沿三个方向各200 mm范围内,应进行渗透检测;全部焊完后,应进行渗透检测或磁粉检测。

3.储罐的充水试验

试验介质	试验介质:洁净水(采用其他液体充水试验时,必须经有关部门批准)。 介质要求:①对不锈钢罐,试验用水中氯离子含量≤25 mg/L;②试验水温≥5 ℃。
试验前	充水试验前,所有附件及其他与罐体焊接的构件,应全部完工,并检验合格;所有与严密性试验有关的焊缝,均不得涂刷油漆。
试验内容	罐底严密性的检查;罐壁强度及严密性的检查;固定顶的强度、稳定性及严密性的检查;浮顶及内浮顶的升降试验及严密性的检查;浮顶排水管严密性的检查。基础的沉降观测。
试验要求	基础发生设计不允许的沉降,应停止充水,待处理后,方可继续进行试验。 充水和放水过程中,应打开透光孔,且不得使基础浸水。

4.几何尺寸检验要求

球罐焊后几何尺寸检查	壳板焊后的棱角检查,两极间内直径及赤道截面的最大内直径检查,支柱垂直度检查;零部件安装后的检查,包括人孔、接管的位置、外伸长度、法兰面与管中心轴线垂直度检查。
储罐几何尺寸检查	罐壁:高度偏差,垂直度偏差,焊缝棱角度和局部凹凸变形。 底圈壁板:内表面半径偏差。 罐底、罐顶:局部凹凸变形。

二、钢结构的制作与安装技术要求

(一)钢结构制作

1.钢构件制作程序

2.金属结构制作工艺要求

校准	零件、部件采用样板、样杆号料时,号料样板、样杆制作后应进行校准,并经检验人员复验确认后使用。
全数检查	钢材切割面应无裂纹、夹渣、分层等缺陷和大于1mm的缺棱,并应全数检查。
施工温度	碳素结构钢在环境温度<-16 ℃、低合金结构钢在环境温度<-12 ℃时,不应进行冷矫正和冷弯曲。 碳素结构钢和低合金结构钢在加热矫正时,加热温度应为700~800 ℃,最高温度≤900 ℃,最低温度≥600 ℃。低合金结构钢在加热矫正后应自然冷却。

（续表）

矫正后的检查	矫正后的钢材表面，不应有明显的凹面或损伤，划痕深度≤0.5 mm，且应≤该钢材厚度允许负偏差的1/2。
焊接	金属结构制作焊接，应根据工艺评定编制焊接工艺文件。 对于有较大收缩或角变形的接头，正式焊接前应采用预留焊接收缩裕量或反变形方法控制收缩和变形。 长焊缝采用分段退焊、跳焊法或多人对称焊接法焊接。 多组件构成的组合构件应采取分部组装焊接，矫正变形后再进行总装焊接。

（二）工业钢结构安装工艺技术

1.金属结构安装一般程序

涉及主要环节	基础验收与处理；钢构件复查；钢结构安装；涂装（防腐涂装和／或防火涂装）。
安装程序	构件检查→基础复查→钢柱安装→支撑安装→梁安装→平台板（层板、屋面板）安装→围护结构安装。

2.高强度螺栓连接的要求

摩擦面处理	高强度螺栓连接处的摩擦面可根据设计抗滑移系数的要求选择处理工艺，抗滑移系数应符合设计要求。采用手工砂轮打磨时，打磨方向应与受力方向垂直，且打磨范围应≥螺栓孔径的4倍。
连接副组成	高强度大六角头螺栓连接副：螺栓（1个）、螺母（1个）、垫圈（2个）。 扭剪型高强度螺栓连接副：螺栓（1个）、螺母（1个）、垫圈（1个）。

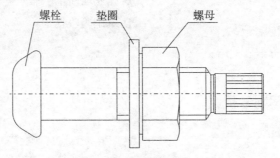

扭剪型高强度螺栓示意图

3.钢构件组装和钢结构安装要求

拼接要求	焊接H型钢的翼缘板拼接缝和腹板拼接缝的间距宜≥200 mm；翼缘板拼接长度应≥600 mm；腹板拼接宽度应≥300 mm，长度应≥600 mm。
吊装要求	吊车梁和吊车桁架安装就位后不应下挠。
挠度值测量	钢网架结构总拼完成后及屋面工程完成后应分别测量其挠度值，且所测的挠度值应≤相应设计值的1.15倍。

（续表）

相关要求	多节柱安装时，每节柱的定位轴线应从地面控制轴线直接引上，不得从下层柱的轴线引上，避免造成过大的积累误差。 厚涂型防火涂料涂层的厚度，80%及以上面积应符合有关耐火极限的设计要求，且最薄处厚度应≥设计要求厚度的85%。

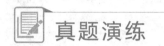 真题演练

一、单选题

[2018年] 下列关于储罐充水试验规定的说法，错误的是（   ）。

A.充水试验采用洁净水

B.试验水温不低于5 ℃

C.充水试验的同时进行基础沉降观测

D.放水过程中应关闭透光孔

【答案】D。

二、多选题

[2019年] 下列作业活动中，属于工业钢结构安装主要环节的有（   ）。

A.钢结构安装   B.作业地面整平

C.钢结构制作   D.基础验收找平

E.防腐蚀涂装

【答案】ADE。

三、实务操作和案例分析题

（一）[2015年·节选]

背景资料：

储罐建造完毕后，施工单位编制了充水试验方案，检查罐底的严密性、罐体的强度及稳定性。监理工程师认为检查项目有遗漏，要求补充。

问题：

储罐充水试验中，还要检查哪些项目？

参考答案：

储罐充水试验中，还要检查的项目：①罐壁的严密性；②固定顶的强度、稳定性及严密性；③浮顶及内浮顶的升降试验及严密性；④浮顶排水管的严密性；⑤基础的沉降。

（二）[2018年·节选]

背景资料：

储罐施工过程中，项目部对罐体质量控制实施了"三检制"，并对储罐罐壁几何尺寸进行了检查，检查内容包括罐壁高度偏差、管壁垂直度偏差和管壁焊缝棱角度，检查结果符合标准规范的要求。

问题：

储罐罐壁几何尺寸的检查还需补充什么内容？

参考答案：

储罐罐壁几何尺寸的检查还需补充的内容：罐壁的局部凹凸变形、底圈壁板内表面半径偏差。

3.6 自动化仪表工程安装技术

 考点速记

一、自动化仪表的安装程序和要求

（一）自动化仪表安装的施工准备

1.施工现场准备

仪表调校室	应避开振动大、灰尘多、噪声大和有强磁场干扰的地方；应有符合调校要求的交、直流电源及仪表气源；应保证室内清洁、安静、光线充足、通风良好；室内温度维持在10~35 ℃，空气相对湿度≤85%。
仪表试验的电源电压	交流电源及60 V以上的直流电源电压波动范围应为±10%。 60 V以下的直流电源电压波动范围应为±5%。
气源	气源应清洁、干燥，露点应低于最低环境温度10 ℃以上，气源压力应稳定。

2.施工机具和标准仪器的准备

相关规定	用于仪表校准和试验的标准仪器、仪表应具备有效的计量检定合格证书，其基本误差的绝对值，不宜超过被校准仪表基本误差绝对值的1/3。

3.仪表设备及材料的保管要求

相关规定	测量仪表、控制仪表、计算机及其外部设备等精密设备，宜存放在温度为5~40 ℃、相对湿度≤80%的保温库内。 执行机构、各种导线、阀门、有色金属、优质钢材、管件及一般电气设备，应存放在干燥的封闭库内。 设备由温度低于−5 ℃的环境移入保温库时，应在库内放置24 h后再开箱。 仪表设备及材料在安装前的保管期限应≤1年。

（二）自动化仪表安装主要施工程序

1.施工原则

自动化仪表施工	先土建后安装；先地下后地上；先安装设备再配管布线；先两端（控制室、就地盘和现场仪表）后中间（电缆槽、接线盒、保护管、电缆、电线和仪表管道等）。
仪表设备安装	先里后外；先高后低；先重后轻。
仪表调校	先取证后校验；先单校后联校；先单回路后复杂回路；先单点后网络。

2.仪表管道安装施工程序

仪表管道类型	测量管道、气动信号管道、气源管道、液压管道和伴热管道等。
安装施工程序	管材管件出库检验→管材及支架的除锈、一次防腐→阀门压力试验→管路预制、安装→管道的压力试验与吹扫(清洗)→管材及支架的二次防腐。

(三)自动化仪表安装施工要求

中央控制室安装	回路试验和系统试验:检测回路试验;控制回路试验;报警系统、程序控制系统和联锁系统的试验。
交接验收	①仪表工程的回路试验和系统试验进行完毕,即可开通系统投入运行。 ②仪表工程连续48 h开通投入运行正常后,即具备交接验收条件。 ③编制并提交仪表工程竣工资料。

二、自动化仪表设备的安装技术要求

(一)自动化仪表设备的安装要求

1.仪表设备安装的一般规定

现场仪表的安装位置	①仪表的中心距操作地面的高度宜为1.2~1.5 m。 ②显示仪表应安装在便于观察示值的位置。 ③仪表不应安装在有振动、潮湿、易受机械损伤、有强电磁场干扰、高温、温度剧烈变化和有腐蚀性气体的位置。 ④检测元件应安装在能真实反映输入变量的位置。
在设备和管道上安装仪表	在设备和管道上安装的仪表应按设计文件规定的位置安装,仪表安装前应按设计文件核对其位号、型号、规格、材质和附件。
安装要求	安装过程中不应敲击、振动仪表。仪表安装后应牢固、平正。仪表与设备、管道或构件的连接及固定部位应受力均匀,不应承受非正常的外力。 设计文件规定需要脱脂的仪表,应经脱脂检查合格后安装。 直接安装在管道上的仪表,宜在管道吹扫后安装,当必须与管道同时安装时,在管道吹扫前应将仪表拆下。 直接安装在设备或管道上的仪表在安装完毕应进行压力试验。 仪表接线箱(盒)应采取密封措施,引入口不宜朝上。 对仪表和仪表电源设备进行绝缘电阻测量时,应有防止弱电设备及电子元件被损坏的措施。 每条现场总线上的仪表数量、总线的最大距离应符合设计文件规定。仪表线路的连接应为并联方式。 核辐射式仪表安装前应编制具体的安装方案,安装中的安全防护措施应符合国家现行有关放射性同位素工作卫生防护标准的规定。在安装现场应有明显的警戒标识。

2.检测仪表安装

温度检测仪表	压力式温度计的温包必须全部浸入被测对象中。 表面温度计的感温面与被测对象表面应紧密接触,并应固定牢固。
压力检测仪表	测量低压的压力表或变送器的安装高度,宜与取压点的高度一致。 测量高压的压力表安装在操作岗位附近时,宜距操作面1.8 m以上,或在仪表正面加保护罩。 现场安装的压力表,不应固定在有强烈振动的设备或管道上。
流量检测仪表	节流件必须在管道吹洗后安装;节流件安装方向,必须使流体从节流件的上游端面流向节流件的下游端面,孔板的锐边或喷嘴的曲面侧迎着被测流体的流向;在水平和倾斜的管道上安装的孔板或喷嘴,当有排泄孔流体为液体时,排泄孔的位置应在管道的正上方,流体为气体或蒸汽时,排泄孔的位置应在管道的正下方。 涡轮流量计和涡街流量计的信号线应使用屏蔽线。 质量流量计应安装于被测流体完全充满的水平管道上。测量气体时,箱体管应置于管道上方,测量液体时,箱体管应置于管道下方,在垂直管道中的流体流向应自下而上。 电磁流量计安装,应符合的规定:流量计外壳、被测流体和管道连接法兰之间应等电位接地连接;在垂直的管道上安装时,被测流体的流向应自下而上,在水平的管道上安装时,两个测量电极不应在管道的正上方和正下方位置。
物位检测仪表	浮筒液位计的安装应使浮筒呈垂直状态,处于浮筒中心正常操作液位或分界液位的高度。 用差压计或差压变送器测量液位时,仪表安装高度不应高于下部取压口。 超声波物位计的安装应符合下列要求:不应安装在进料口的上方;传感器宜垂直于物料表面;在信号波束角内不应有遮挡物;物料的最高物位不应进入仪表的盲区。 雷达物位计不应安装在进料口的上方,传感器应垂直于物料表面。
成分分析和物性检测仪表	被分析样品的排放管应直接与排放总管连接。 可燃气体检测器和有毒气体检测器的安装位置应根据所检测气体的密度确定,其密度大于空气时,检测器应安装在距地面200~300 mm处;其密度小于空气时,检测器应安装在泄漏区域的上方。

(二)自动化仪表取源部件的安装要求

1.取源部件安装的一般规定

一般规定	取源部件的安装,应在工艺设备制造或工艺管道预制、安装的同时进行。 安装取源部件的开孔与焊接必须在工艺管道或设备的防腐、衬里、吹扫和压力试验前进行。 在高压、合金钢、有色金属的工艺管道和设备上开孔时,应采用机械加工的方法。 在砌体和混凝土浇筑体上安装的取源部件应在砌筑或浇筑的同时埋入,当无法做到时,应预留安装孔。 安装取源部件时,不应在焊缝及其边缘上开孔及焊接。 当设备及管道有绝热层时,安装的取源部件应露出绝热层外。 取源部件安装完毕后,应与设备和管道同时进行压力试验。

2.温度取源部件的安装要求

安装位置	适宜的位置:介质温度变化灵敏和具有代表性的位置。 不适宜的位置:阀门等阻力部件的附近;介质流束呈现死角处;振动较大的地方。
安装要求	①温度取源部件与管道垂直安装时,取源部件轴线应与管道轴线垂直相交。 ②在管道的拐弯处安装时,宜逆着物料流向,取源部件轴线应与管道轴线相重合。 ③与管道呈倾斜角度安装时,宜逆着物料流向,取源部件轴线应与管道轴线相交。

3.压力、流量取源部件与管道安装要求

（1）一般要求

测压力	压力取源部件与温度取源部件在同一管段上时,压力取源部件应安装在温度取源部件的上游侧。
测流量	孔板的安装:采用不同取压方式时取压孔直径要求不一样,但都要求取压孔的轴线与管道的轴线垂直相交,并且上下游侧取压孔的直径应相等。

（2）压力取源部件在水平和倾斜的管道上的安装要求（可取点区域以阴影表示）

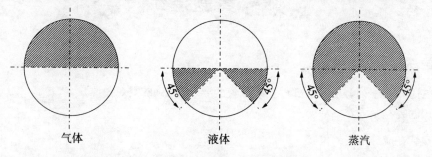

气体　　　　　　　液体　　　　　　　蒸汽

（3）节流（测流量）装置在水平和倾斜的管道上时,取压口的方位（可取点区域以阴影表示）

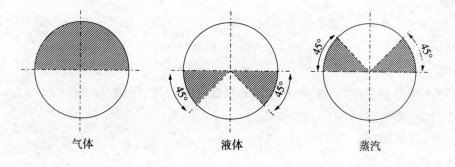

气体　　　　　　　液体　　　　　　　蒸汽

4.物位与分析取源部件的安装要求

物位取源部件	物位取源部件的安装位置应选在物位变化灵敏,且不使检测元件受到物料冲击的地方。 内浮筒液位计和浮球液位计采用导向管或其他导向装置时,导向管或导向装置应垂直安装,导向管内液流应畅通。 安装浮球式液位仪表的法兰短管应使浮球能在全量程范围内自由活动。 电接点水位计的测量筒应垂直安装,筒体零水位电极的中轴线与被测容器正常工作时的零水位线应处于同一高度。
分析取源部件	分析取源部件应安装在压力稳定、能灵敏反映真实成分变化和取得具有代表性的分析样品的位置。 取样点的周围不应有层流、涡流、空气渗入、死角、物料堵塞或非生产过程的化学反应。 在水平或倾斜的管道上安装分析取源部件时,其安装方位的要求与安装压力取源部件的取压点要求相同。

真题演练

一、单选题

1. [2019年]下列分析取源部件安装位置的要求,正确的是(   )。

A.应安装在压力变化的位置

B.应安装在成分稳定的位置

C.应安装在具有生产过程化学反应的位置

D.应安装在不具有代表性的分析样品位置

【答案】C。

2. [2018年]自动化仪表工程须连续投入运行(   ),运行正常后方具备交接验收条件。

A.24 h   B.36 h   C.48 h   D.72 h

【答案】C。

3. [2017年]温度取源部件安装在合金管道拐弯处时,错误的是(   )。

A.在防腐、衬里、吹扫和压力试验前安装

B.用机械方法开孔

C.逆着物料流向安装

D.取源部件轴线与管道轴线垂直相交

【答案】D。

4. [2016年]下列管道中,不属于仪表管道的是(   )。

A.测量管道   B.气动信号管道

C.配线管道　　　　　　　　　　　　D.伴热管道

【答案】C。

二、实务操作和案例分析题

[2018年·节选]

背景资料：

在蒸汽主管道上安装流量取源部件时，施工单位发现图纸所示的安装位置的直管段长度不符合设计要求，立即通知了建设单位。建设单位通过设计变更修改了流量取源部件的安装位置，使该部件的安装工作顺利进行。

问题：

安装流量取源部件的管道直管段应符合哪些要求？

参考答案：

安装流量取源部件的管道直管段应符合的要求：

①流量取源部件上、下游直管段的最小长度，应符合设计文件的规定。

②在上、下游直管段的最小长度范围内，不得设置其他取源部件或检测元件。

③直管段内表面应清洁，无凹坑和凸出物。

3.7 防腐蚀与绝热工程施工技术

一、防腐蚀工程施工技术要求

（一）防腐蚀基础标准知识

化学防腐蚀	化学防腐蚀是改变金属的内部结构。例如：把铬、镍加入普通非合金钢中制成不锈钢。
物理防腐蚀	物理防腐蚀是在金属表面覆盖保护层。例如：涂装、衬里。
电化学防腐蚀	电化学腐蚀是金属在电解质中，由于金属表面形成的微电池作用而发生的腐蚀。电化学保护分为外加电流的阴极保护和牺牲阳极的阴极保护。
表面预处理（前处理）	在涂装前，除去工件表面附着物、生成的氧化物以及提高表面粗糙度，提高工件表面与涂层的附着力或赋予表面以一定的耐蚀性能的过程。

（二）防腐蚀施工技术

1.表面预处理

（1）表面处理的方法

机械处理	喷射、抛丸等。
化学处理	脱脂、化学脱脂、浸泡脱脂、喷淋脱脂、超声波脱脂、转化处理。
工具清理	手动工具包括钢丝刷、粗砂纸、铲刀、刮刀或类似手工工具。 动力工具包括旋转钢丝刷、电动砂轮或除锈机等。
喷射处理	干喷射、湿喷射、喷砂、喷丸、喷粒。
转化处理	磷化、磷酸盐钝化、钝化。

（2）施工技术要点

锈蚀等级	①A级：大面积覆盖着氧化皮而几乎没有铁锈的钢材表面。 ②B级：已发生锈蚀，并且氧化皮已开始剥落的钢材表面。 ③C级：氧化皮已因锈蚀而剥落，或者可以刮除，并且在正常视力观察下可见轻微点蚀的钢材表面。 ④D级：氧化皮已因锈蚀而剥落，并且在正常视力观察下可见普遍发生点蚀的钢材表面。

（续表）

处理等级	未涂覆过的钢材表面和全面清除原有涂层后的钢材表面的处理等级。工具处理等级分为St2级、St3级两级；喷射处理质量等级分为Sal级、Sa2级、Sa2.5级、Sa3级四级。
焊缝表面的要求和处理	对接焊缝表面应平整，并应无气孔、焊瘤和夹渣。焊缝高度应≤2 mm，并平滑过渡。

2.涂装

（1）涂装方法

涂装方法	手工刷漆、喷涂、电泳涂装、自泳涂装、浸涂、淋涂、搓涂、帘涂装、辊涂等。
喷涂方法	空气喷涂、高压无气喷涂、加热喷涂、静电喷涂、粉末静电喷涂、火焰喷涂、自动喷涂。

（2）涂装技术要求

涂装工艺流程	涂装工艺是涂装作业中涂料涂覆的整个工艺过程，包括涂料的调配、工件的输送、各种方法的涂覆、干燥或固化、打磨和刮腻子等工序。
防护措施	涂装作业前，应编制涂装工艺文件，制定相应的防护措施，并应有以下内容： ①工艺过程的有害、危险因素，有毒有害物质名称、数量和最高容许浓度。 ②防护措施。 ③故障情况下的应急措施。 ④安全技术操作要求。 ⑤不得不选用禁止或限制使用的涂装工艺论证资料。

（3）安全标志

禁止标志	①涂装作业场所入口、临时设置的涂装作业场所周边、露天涂装作业防火区内，选用"禁止烟火"标志。 ②涂装作业场所动火时，选用"禁放易燃品"标志。 ③可能产生静电（如静电喷漆、静电喷粉、使用有机溶剂作业等）会导致火灾爆炸危险场所，选用"禁止穿化纤服"标志。 ④可能产生火灾爆炸危险的使用有机溶剂等作业场所，选用"禁止穿带钉鞋"标志。
警告标志	①涂装作业场所，选用"注意安全"标志。 ②涂料及有机溶剂化学品储存区域，选用"当心火灾"标志。 ③可能产生触电危险的电器设备，选用"当心触电"标志。 ④使用酸碱作业场所，选用"当心腐蚀"标志。
指令标志	①涂装作业场所，选用"必须穿防护服"标志。 ②粉尘作业场所，选用"必须戴防尘口罩"标志。 ③有限空间作业场所，选用"必须戴防毒口罩"标志。 ④酸碱作业场所，选用"必须戴防护手套""必须穿防护靴"标志。

二、绝热工程施工技术要求

（一）绝热层施工技术要求

1.一般技术要求

分层施工	当采用一种绝热制品,保温层厚度≥100 mm,保冷层厚度≥80 mm时,应分为两层或多层逐层施工,各层的厚度宜接近。
拼缝宽度	对于硬质或半硬质绝热制品,当作为保温层时,拼缝宽度应≤5 mm;当作为保冷层时,拼缝宽度应≤2 mm。
搭接长度	绝热层施工时,同层应错缝,上下层应压缝,其搭接的长度宜≥100 mm。
纵向接缝位置	水平管道的纵向接缝位置,不得布置在管道垂直中心线45°范围内。当采用大管径的多块硬质成型绝热制品时,绝热层的纵向接缝位置可不受此限制,但应偏离管道垂直中心线位置。
保温	保温设备及管道上的裙座、支座、吊耳、仪表管座、支吊架等附件,应进行保温,当设计无规定时,可不必保温。
保冷	保冷设备及管道上的裙座、支座、吊耳、仪表管座、支吊架等附件,必须进行保冷,其保冷层长度≥保冷层厚度的4倍或敷设至垫块处,保冷层厚度应为邻近保冷层厚度的1/2,但厚度≥40 mm。设备裙座里外均应进行保冷。
铭牌	施工后的保温层不得覆盖设备铭牌。当保温层厚度高于设备铭牌时,可将铭牌周围的保温层切割成喇叭形开口,开口处应规整,并应设置密封的防雨水盖。施工后的保冷层应将设备铭牌处覆盖,设备铭牌应粘贴在保冷系统的外表面,粘贴铭牌时不得刺穿防潮层。

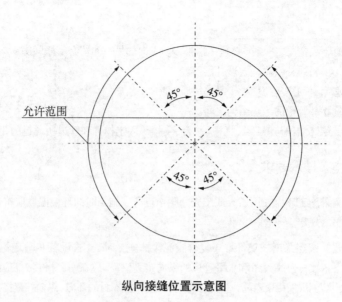

纵向接缝位置示意图

2.捆扎法施工施工

捆扎间距	对硬质绝热制品,捆扎间距应≤400 mm;对半硬质绝热制品,捆扎间距应≤300 mm;对软质绝热制品宜为200 mm。
其他施工要求	每块绝热制品上的捆扎件不得少于两道;对有振动的部位应加强捆扎。 不得采用螺旋式缠绕捆扎。 双层或多层绝热层的绝热制品,应逐层捆扎,并应对各层表面进行找平和严缝处理。 不允许穿孔的硬质绝热制品,钩钉位置应布置在制品的拼缝处;钻孔穿挂的硬质绝热制品,其孔缝应采用矿物棉填塞。 立式设备或垂直管道的绝热层采用硬质、半硬质绝热制品施工时,应从支承件开始,自下而上拼装,保温应采用镀锌铁丝或包装钢带进行环向捆扎,保冷应采用不锈钢丝或不锈钢带进行环向捆扎。 当卧式设备有托架时,绝热层应从托架开始拼装,保温宜采用镀锌铁丝网状捆扎,保冷宜采用不锈钢带环向或纵向捆扎。

3.伸缩缝及膨胀间隙的留设

留设要求	设备或管道采用硬质绝热制品时,应留设伸缩缝。 两固定管架间水平管道绝热层的伸缩缝,至少应留设一道。 立式设备及垂直管道,应在支承件、法兰下面留设伸缩缝。 弯头两端的直管段上,可各留一道伸缩缝;当两弯头之间的间距较小时,其直管段上的伸缩缝可根据介质温度确定仅留一道或不留设。
伸缩缝留设	伸缩缝留设的宽度,设备宜为25 mm,管道宜为20 mm。 多层绝热层伸缩缝的留设:中、低温保温层的各层伸缩缝,可不错开;保冷层及高温保温层的各层伸缩缝,必须错开,错开距离应>100 mm。

（续表）

膨胀间隙的施工	有下列情况之一时,必须在膨胀移动方向的另一侧留有膨胀间隙: ①填料式补偿器和波形补偿器。 ②当滑动支座高度小于绝热层厚度时。 ③相邻管道的绝热结构之间。 ④绝热结构与墙、梁、栏杆、平台、支撑等固定构件和管道所通过的孔洞之间。

（二）防潮层施工技术要求

环境要求	室外施工不宜在雨雪天或阳光暴晒中进行。施工时的环境温度应符合设计文件和产品说明书的规定。
施工要求	当防潮层采用玻璃纤维布复合胶泥涂抹施工时,立式设备和垂直管道的环向接缝,应为上下搭接。卧式设备和水平管道的纵向接缝位置,应在两侧搭接,并应缝口朝下。 当防潮层采用聚氨酯或聚氯乙烯卷材施工时,卷材的环向、纵向接缝搭接宽度应≥50 mm,或应符合产品使用说明书的要求;粘贴可根据卷材的幅宽、粘贴件的大小和现场施工具体状况,采用螺旋形缠绕法。
相关要求	防潮层外不得设置钢丝、钢带等硬质捆扎件。 设备筒体、管道上的防潮层应连续施工,不得有断开或断层等现象。防潮层封口处应封闭。

（三）保护层施工技术要求

1.金属保护层施工技术要求

环向接缝	水平管道金属保护层的环向接缝应沿管道坡向,搭接在低处,其纵向接缝宜布置在水平中心线下方的15°~45°处,并应缝口朝下。当侧面或底部有障碍物时,纵向接缝可移至管道水平中心线上方60°以内。
纵向接缝	管道金属保护层的纵向接缝,当为保冷结构时,应采用金属抱箍固定,间距宜为250~300 mm;当为保温结构时,可采用自攻螺钉或抽芯铆钉固定,间距宜为150~200 mm,间距应均匀一致。
三通部分施工	管道三通部位金属保护层的安装,支管与主管相交部位宜翻边固定,顺水搭接。垂直管与水平直通管在水平管下部相交,应先包垂直管,后包水平管;垂直管与水平直通管在水平管上部相交,应先包水平管,后包垂直管。
其他要求	垂直管道或设备金属保护层的敷设,应由下而上进行施工,接缝应上搭下。 金属保护层的接缝可选用搭接、咬接、插接及嵌接的形式。保护层安装应紧贴保温层或防潮层。金属保护层纵向接缝可采用搭接或咬接;环向接缝可采用插接或搭接。室内的外保护层结构,宜采用搭接形式。 立式设备、垂直管道或斜度>45°的斜立管道上的金属保护层,应分段将其固定在支承件上。

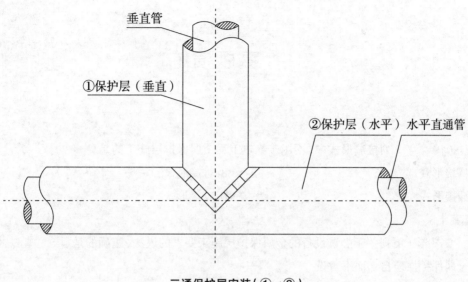

三通保护层安装（①→②）

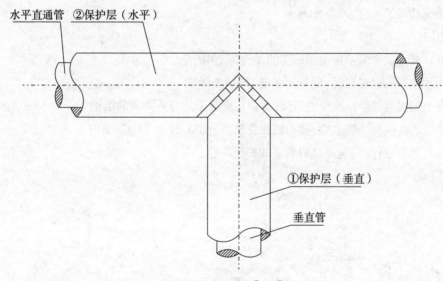

三通保护层安装（②→①）

2.非金属保护层施工技术要求

相关要求	当采用阻燃型防水卷材及涂膜弹性体作保护层时,卷材包扎的环向、纵向接缝的搭接尺寸应≥50 mm。 当采用玻璃钢保护层时,玻璃钢可分为预制和现场制作,可采用粘贴、铆接、组装的方法进行连接。

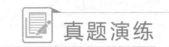

真题演练

单选题

1. [2019年] 下列接缝形式中,不用于绝热工程金属保护层施工的是( )。

A.搭接形式 B.对接形式

C.插接形式 D.咬接形式

【答案】B。

2. [2018年] 下列关于静置设备的金属保护层施工要求的说法,正确的是( )。

A.金属保护层应自上而下敷设

B.环向接缝宜采用咬接

C.纵向接缝宜采用插接

D.搭接或插接尺寸应为30~50 mm

【答案】D。

3. [2017年] 关于管道保温层施工的做法,错误的是( )。

A.采用预制块做保温层时,同层要错缝,异层要压缝

B.管道上的法兰等经常维修的部位,保温层必须采用可拆卸式的结构

C.水平管道的纵向接缝位置,要布置在管道垂直中心线45°的范围内

D.管托处的管道保湿,应不妨碍管道的膨胀位移

【答案】C。

3.8 炉窑砌筑工程施工技术

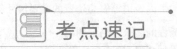

一、炉窑砌筑工程的施工程序和要求

（一）耐火材料的分类及性能

1.按化学特性分类

酸性耐火材料	硅砖、锆英砂砖等。
碱性耐火材料	镁砖、镁铝砖、白云石砖等。
中性耐火材料	刚玉砖、高铝砖、碳砖等。

2.耐火陶瓷纤维

主要成分	氧化铝、二氧化硅。
优点	①耐高温。 ②隔热保温性能好，隔热效率高。 ③化学稳定性好。除强碱、氢氟酸外，几乎不受任何化学药品、蒸汽、油类的侵蚀。 ④抗热震性强。 ⑤绝缘性及隔声性能比较好。

（二）炉窑砌筑前工序交接的规定

工序交接证明书

测量记录	炉子中心线和控制标高的测量记录及必要的沉降观测点的测量记录。
复测记录	钢结构和炉内轨道等安装位置的主要尺寸复测记录。
合格证明	①隐蔽工程的验收合格证明。 ②炉体冷却装置、管道和炉壳的试压记录及焊接严密性试验合格证明。 ③动态炉窑或炉子的可动部分试运转合格证明。 ④炉内托砖板和锚固件等的位置、尺寸及焊接质量的检查合格证明。
保护要求	上道工序成果的保护要求。

（三）耐火砖砌筑的施工程序

1.动态炉窑的施工程序

施工时间	动态炉窑砌筑必须在炉窑单机无负荷试运转合格并验收后方可进行。
起始点选择	从热端向冷端或从低端向高端。

2.静态炉窑的施工程序

与动态炉窑的 不同之处	①不必进行无负荷试运行即可进行砌筑。 ②砌筑顺序必须自下而上进行。 ③无论采用哪种砌筑方法，每环砖均可一次完成。 ④起拱部位应从两侧向中间砌筑，并需采用拱胎压紧固定，锁砖完成后，拆除拱胎。

二、耐火材料的施工技术要求

（一）耐火砖砌筑施工技术要求

1.底和墙砌筑技术要求

反拱底	砌筑炉底前，应预先找平基础。必要时，应在最下一层用砖加工找平。砌筑反拱底前，应用样板找准砌筑弧形拱的基面；斜坡炉底应放线砌筑。 反拱底应从中心向两侧对称砌筑。
弧形墙	弧形墙应按样板放线砌筑。砌筑时，应经常用样板检查。
圆形炉墙	圆形炉墙应按中心线砌筑。当炉壳的中心线垂直误差和半径误差符合炉内形要求时，可以炉壳为导面进行砌筑。 圆形炉墙不得有三层重缝或三环通缝，上下两层重缝与相邻两环的通缝不得在同一地点。圆形炉墙的合门砖应均匀分布。
砌砖要求	砌砖时应用木槌或橡胶锤找正，不应使用铁锤。砌砖中断或返工拆砖时，应做成阶梯形的斜槎。
膨胀缝	留设膨胀缝的位置，应避开受力部位、炉体骨架和砌体中的孔洞，砌体内外层的膨胀缝不应互相贯通，上下层应相互错开。

2.拱和拱顶砌筑技术要求

拱脚	拱脚表面应平整,角度应正确;不得用加厚砖缝的方法找平拱脚;拱脚砖应紧靠拱脚梁砌筑。 当拱脚砖后面有砌体时,应在该砌体砌完后,才可砌筑拱或拱顶。不得在拱脚砖后面砌筑隔热耐火砖或硅藻土砖(隔热耐火砖拱顶的拱脚砖后面,可用与隔热同材质的砖)。
拱和拱顶	跨度不同的拱和拱顶宜环砌,且环砌拱和拱顶的砖环应保持平整垂直。拱和拱顶必须从两侧拱脚同时向中心对称砌筑。砌筑时,严禁将拱砖的大小头倒置。拱和拱顶的放射缝,应与半径方向相吻合。拱和拱顶的内表面应平整,个别砖的错牙不应超过3 mm。
锁砖	锁砖应按拱和拱顶的中心线对称均匀分布。打入锁砖块数,按规定跨度计。锁砖砌入拱和拱顶内的深度宜为砖长的2/3~3/4,拱和拱顶内锁砖砌入深度应一致。打锁砖时,两侧对称的锁砖应同时均匀地打入。锁砖应使用木槌,使用铁锤时,应垫以木块。不得使用砍掉厚度1/3以上的或砍凿长侧面使大面成楔形的锁砖,且不得在砌体上砍凿砖。
拱胎	跨度>5 m的拱胎在拆除前,应设置测量拱顶下沉的标志;拱胎拆除后,应做好下沉记录。

(二)耐火浇注料施工技术要求

原材料	不得随意改变浇注料的配比或随意在搅拌好的浇注料中加水或其他物料。
用水	搅拌耐火浇注料的用水应采用洁净水。
模板	浇注用的模板应有足够的刚度和强度,支模尺寸应准确,并应防止在施工过程中变形。模板接缝应严密,不漏浆。对模板应采取防粘措施。与浇注料接触的隔热砌体的表面,应采取防水措施。
浇筑要求	浇注料应采用强制式搅拌机搅拌。 搅拌好的耐火浇注料,应在30 min内浇注完成,或根据施工说明要求在规定的时间内浇注完。已初凝的浇注料不得使用。 耐火浇注料的浇注,应连续进行。在前层浇注料初凝前,应将次层浇注料浇注完毕;间歇超过初凝时间,应按施工缝要求进行处理。施工缝宜留在同一排锚固砖的中心线上。

(三)耐火喷涂料施工技术要求

原材料	喷涂料应采用半干法喷涂,喷涂料加入喷涂机之前,应适当加水润湿,并搅拌均匀。
喷涂时	喷涂时,料和水应均匀连续喷射,喷涂面上不允许出现干料或流淌。 喷涂方向应垂直于受喷面,喷嘴与喷涂面的距离宜为1~1.5 m,喷嘴应不断地进行螺旋式移动,使粗细颗粒分布均匀。 喷涂应分段连续进行,一次喷到设计厚度,内衬较厚需分层喷涂时,应在前层喷涂料凝结前喷完次层。 施工中断时,宜将接槎处做成直槎,继续喷涂前应用水润湿。
喷涂后	喷涂完毕后,应及时开设膨胀缝线,可用1~3 mm厚的楔形板压入30~50 mm而成。

（四）烘炉的技术要求

主要工作	制订工业炉的烘炉计划；准备烘炉用的工机具和材料；确认烘炉曲线；编制烘炉期间作业计划及应急处理预案；确定和实施烘炉过程中监控重点。
技术要点	工业炉在投入生产前必须烘干烘透。烘炉前应先烘烟囱及烟道。 耐火浇注料内衬应该按规定养护后，才可进行烘炉。 烘炉必须按烘炉曲线进行。烘炉过程中，应测定和测绘实际烘炉曲线。

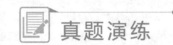

真题演练

单选题

1. ［2017年］在耐火陶瓷纤维内衬上施工不定形耐火材料时，其表面应做（　　）。

A.绝热处理　　　　　　　　　　　　B.防水处理

C.防火处理　　　　　　　　　　　　D.防腐处理

【答案】B。

2. ［2016年］回转式炉窑砌筑时，砌筑的起始点宜选择在（　　）。

A.离传动最近的焊缝处　　　　　　　B.检修门（孔）处

C.工作温度的热端　　　　　　　　　D.支撑位置

【答案】C。

3. ［2015年］炉窑砌砖中断或返工时，中断或返工处的耐火砖应做成（　　）。

A.平齐一致直槎　　　　　　　　　　B.阶梯形斜槎

C.椭圆角直槎　　　　　　　　　　　D.马形斜槎

【答案】B。

第四章 建筑机电工程施工技术

 知识图谱

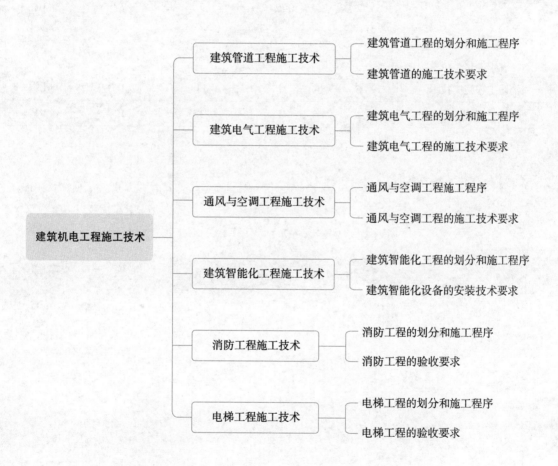

建筑机电工程施工技术
- 建筑管道工程施工技术
  - 建筑管道工程的划分和施工程序
  - 建筑管道的施工技术要求
- 建筑电气工程施工技术
  - 建筑电气工程的划分和施工程序
  - 建筑电气工程的施工技术要求
- 通风与空调工程施工技术
  - 通风与空调工程施工程序
  - 通风与空调工程的施工技术要求
- 建筑智能化工程施工技术
  - 建筑智能化工程的划分和施工程序
  - 建筑智能化设备的安装技术要求
- 消防工程施工技术
  - 消防工程的划分和施工程序
  - 消防工程的验收要求
- 电梯工程施工技术
  - 电梯工程的划分和施工程序
  - 电梯工程的验收要求

考情速览

章节考点	历年考点分值分布				
	2019年	2018年	2017年	2016年	2015年
建筑管道工程施工技术	7	2	1	2	3
建筑电气工程施工技术	12	2	7	17	10
通风与空调工程施工技术	2	12	7	7	3
建筑智能化工程施工技术	1	2	2	1	1
消防工程施工技术	6	1	11	1	1
电梯工程施工技术	1	1	1	1	1

4.1 建筑管道工程施工技术

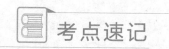 考点速记

一、建筑管道工程的划分和施工程序

(一)建筑管道工程的划分

1.建筑给水排水及供暖分部工程中的子分部工程

分部工程	子分部工程
建筑给水排水及供暖分部工程	室内给水系统、室内排水系统、室内热水系统、卫生器具、室内供暖系统、室外给水管网、室外排水管网、室外供热管网、建筑饮用水供应系统、建筑中水系统及雨水利用系统、游泳池及公共浴池水系统、水景喷泉系统、热源及辅助设备、监测与控制仪表等14个工程。

2.主要子分部工程的分项工程

子分部工程	分项工程
室内给水系统	给水管道及配件安装,给水设备安装,室内消火栓系统安装,消防喷淋系统安装,防腐,绝热,管道冲洗、消毒,试验与调试。
室内排水系统	排水管道及配件安装,雨水管道及配件安装,防腐,试验与调试。
建筑饮用水供应系统	管道及配件安装,水处理设备及控制设施安装,防腐,绝热,试验与调试。
建筑中水系统及雨水利用系统	建筑中水系统、雨水利用系统管道及配件安装,水处理设备及控制设施安装,防腐,绝热,试验与调试。

注:室内排水系统的分项工程中只有防腐,室外给水管网、室外排水管网的分项工程中均没有防腐和绝热,剩余10个子分部工程的分项工程中均含有防腐和绝热。

(二)建筑管道工程施工程序

1.设备施工程序

动设备	施工准备→设备开箱验收→基础验收→设备安装就位→设备找平找正→二次灌浆→单机调试。
静设备	施工准备→设备开箱验收→基础验收→设备安装就位→设备找平找正→二次灌浆→设备系统压力试验(满水试验)。

2.室内给水与排水管道施工程序

室内给水管道	施工准备→材料验收→配合土建预留、预埋→管道测绘放线→管道支架制作→管道加工预制→管道支架安装→管道安装→系统压力试验→防腐绝热→系统清洗、消毒→系统通水试验。
室内排水管道	施工准备→材料验收→配合土建预留、预埋→管道测绘放线→管道支架制作→管道加工预制→管道支架安装→管道安装→系统灌水试验→系统通水、通球试验。

二、建筑管道的施工技术要求

(一)建筑管道常用的连接方法

连接方式	具体适用管道或要求
螺纹连接	①管径≤100 mm的镀锌钢管宜用螺纹连接,多用于明装管道。 ②钢塑复合管钢塑复合管一般也用螺纹连接。
法兰连接	一般用在主干道连接阀门、止回阀、水表、水泵等处,以及需要经常拆卸、检修的管段上。
焊接连接	①焊接适用于不镀锌钢管,多用于暗装管道和直径较大的管道,并在高层建筑中应用较多。 ②铜管连接可采用专用接头或焊接,当管径<22 mm时,宜采用承插或套管焊接,承口应迎介质流向安装;当管径≥22 mm时,宜采用对口焊接。 ③不锈钢管可采用承插焊接。
沟槽连接 (卡箍连接)	可用于消防水、空调冷热水、给水、雨水等系统直径≥100 mm的镀锌钢管连接。
卡套式连接	铝塑复合管的连接、铜管的连接均可采用螺纹卡套压接。
卡压连接	具有保护水质卫生、抗腐蚀性强、使用寿命长等特点的不锈钢卡压式管件连接技术取代了螺纹、焊接、胶接等传统给水管道连接技术。
热熔连接	PPR管的连接方法。
承插连接	用于给水及排水铸铁管及管件的连接。 密封材料:柔性连接采用橡胶圈密封,刚性连接采用石棉水泥或膨胀性填料密封,重要场合可用铅密封。

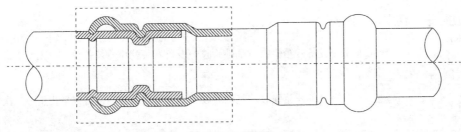

卡压连接示意图

（二）建筑管道施工技术要点

1.材料、设备管理

阀门	阀门安装前，应按规范要求进行强度和严密性试验，试验应在每批（同牌号、同型号、同规格）数量中抽查10%，且不少于一个。 安装在主干管上起切断作用的闭路阀门，应逐个做强度试验和严密性试验。阀门的强度试验压力为公称压力的1.5倍，严密性试验压力为公称压力的1.1倍。
流量计及压力表	管道所用流量计及压力表应进行校验检定，设备及管道上的安全阀应按设计文件要求由具备资质的单位进行整定压力调整和密封试验，当有特殊要求时，还应进行其他性能试验。安全阀校验应做好记录、铅封，并应出具校验报告。

2.配合土建工程预留、预埋

（1）地下管道

相关要求	地下室或地下构筑物外墙有管道穿过的，应采取防水措施。对有严格防水要求的建筑物，必须采用柔性防水套管。

（2）穿过楼板、墙壁的管道

穿过楼板的管道	管道穿过楼板时应设置金属或塑料套管。安装在楼板内的套管，其顶部高出装饰地面20 mm；安装在卫生间及厨房内的套管，其顶部应高出装饰地面50 mm，底部应与楼板底面相平，套管与管道之间缝隙宜用阻燃密实材料和防水油膏填实，且端面应光滑。
穿过墙壁的管道	管道穿过墙壁时应设置金属或塑料套管。套管两端应与饰面相平，套管与管道之间缝隙宜用阻燃密实材料填实，且端面应光滑。

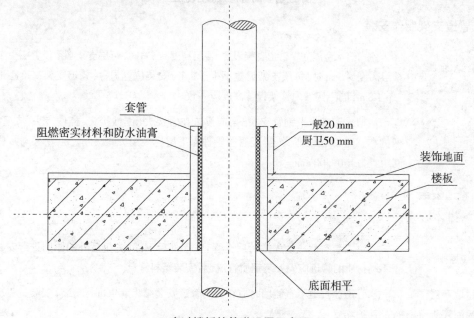

穿过楼板的管道设置示意图

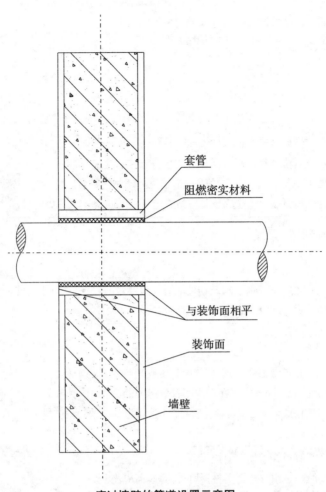

穿过墙壁的管道设置示意图

3. 管道支架制作安装

室内给水金属立管管道支架	室内给水金属立管管道支架设置:楼层高度≤5 m时,每层支架必须设置不少于1个;楼层高度 > 5 m时,每层支架设置不少于2个,安装位置匀称,管道支架高度距地面为1.5~1.8 m,同一区域内管架设置高度应一致。
沟槽式连接水平钢管支、吊架	沟槽式连接水平钢管支、吊架应设置在管接头(刚性接头、挠性接头、支管接头)两侧和三通、四通、弯头、异径管等管件上下游连接接头的两侧,支、吊架与接头的净间距宜为150~300 mm。

4. 管道安装

（1）基本要求

安装原则	管道安装一般应按先主管后支管、先上部后下部、先里后外的原则进行安装。对于不同材质的管道应先安装钢质管道,后安装塑料管道。
穿过地下室侧墙的管道	当管道穿过地下室侧墙时应在室内管道安装结束后再进行安装,安装过程应注意成品保护。

（续表）

机房、泵房管道	机房、泵房管道安装前,应详细检查设备本体进出口管径、标高、连接方法等情况,经验证无误后方可配管。
穿过抗震缝的管道	管道安装时不应穿过抗震缝。当管道安装必须穿越抗震缝时宜靠近建筑物的下部穿越,且应在抗震缝两边各装一个柔性管接头或在通过抗震缝处安装门形弯头或设置伸缩节。
冷热水管道	冷热水管道上下平行安装时热水管道应在冷水管道上方,垂直安装时热水管道应在冷水管道左侧。

（2）补偿器、伸缩节的安装

补偿器	热水供应管道应尽量利用自然补偿热伸缩,直线段过长则应设置补偿器,补偿器形式、规格、位置应符合设计要求,并按有关规定进行预拉伸。
伸缩节	排水塑料管必须按设计要求及位置装设伸缩节。如设计无要求时,伸缩节间距≤4 m。高层建筑中明设排水管道应按设计要求设置阻火圈或防火套管。

（3）安装坡度

相关要求	汽、水同向流动的热水供暖管道和汽、水同向流动的蒸汽管道及凝结水管道,坡度应为3‰,不得小于2‰。 汽、水逆向流动的热水供暖管道和汽、水逆向流动的蒸汽管道,坡度应≥5‰。 散热器支管的坡度应为1%。

（4）吊钩或卡箍等固定件

相关要求	金属排水管道上的吊钩或卡箍应固定在承重结构上。 固定件间距:横管不大于2 m;立管不大于3 m。 楼层高度≤4 m,立管可安装1个固定件。 立管底部的弯管处应设支墩或采取固定措施。

（5）排水通气管

相关要求	排水通气管不得与风道或烟道连接。 通气管应高出屋面300 mm,且必须大于最大积雪厚度。 在通气管出口4 m以内有门、窗时,通气管应高出门、窗顶600 mm或引向无门、窗一侧。 在经常有人停留的平屋顶上,通气管应高出屋面2 m,并应根据防雷要求设置防雷装置。 屋顶有隔热层应从隔热层板面算起。

（6）穿越防火区域的管道

一般要求	明敷管道穿越防火区域时应当采取防止火灾贯穿的措施。
立管安装	当立管管径≥110 mm时，在楼板贯穿部位应设置阻火圈或长度≥500mm的防火套管。
横支管与暗设立管相连	管径≥110 mm的横支管与暗设立管相连时，墙体贯穿部位应设置阻火圈或长度≥300 mm的防火套管，且防火套管的明露部分长度宜≥200 mm。
横干管穿越防火分区隔墙	横干管穿越防火分区隔墙时，管道穿越墙体的两侧应设置防火圈或长度≥500 mm的防火套管。

（7）高层建筑的雨水系统

相关材料要求	高层建筑的雨水系统采用镀锌焊接钢管。 超高层建筑的雨水系统采用镀锌无缝钢管。 高层和超高层建筑的重力流雨水管道系统采用球墨铸铁管。

5.管道系统试验

（1）压力试验

试验要求	高层建筑管道应先按分区、分段进行试验，合格后再按系统进行整体试验。
试验压力	室内给水系统、室外管网系统管道安装完毕，应进行水压试验。 水压试验压力必须符合设计要求，当设计未注明时，各种材质的给水管道系统试验压力 =max{1.5倍工作压力，0.6 MPa}。
	热水供应系统、供暖系统安装完毕，管道保温之前应进行水压试验。 试验压力应符合设计要求，当设计未注明时，热水供应系统和蒸汽供暖系统、热水供暖系统水压试验压力 =max{系统顶点的工作压力 +0.1 MPa，0.3 MPa}；高温热水供暖系统水压试验压力 = 系统最高点工作压力 +0.4 MPa；塑料管及铝塑复合管热水供暖系统水压试验压力 =max{系统最高点工作压力 +0.2 MPa，0.4 MPa}。

（2）灌水试验

试验时间	室内隐蔽或埋地的排水管道在隐蔽前必须做灌水试验。
分段要求	室内雨水管应根据管材和建筑物高度选择整段方式或分段方式进行灌水试验。 室外排水管网按排水检查井分段试验。

（3）通水试验

相关要求	排水系统安装完毕，排水管道、雨水管道应分系统进行通水试验，以流水通畅、不渗不漏为合格。

（4）通球试验

相关要求	排水主立管及水平干管管道均应做通球试验，通球球径不小于排水管道管径的2/3，通球率必须达到100%。

（5）消火栓试射试验

试验位置	室内消火栓系统安装完成后应取顶层（或水箱间内）试验消火栓和首层两处消火栓进行试射试验。 顶层（或水箱间内）试验用消火栓可测试消火栓出水流量和压力（充实水柱）；首层取两处消火栓试射，可检验两股充实水柱同时到达最远点的能力。

6.管道防腐绝热

防腐方法	管道的防腐方法主要有涂漆、衬里、静电保护和阴极保护等。
绝热	管道绝热按其用途可分为保温、保冷、加热保护三种类型。

7.管道系统清洗及试运行

相关要求	供暖管道系统试验合格后，应对系统进行冲洗并清扫过滤器及除污器，直至排出水不含泥沙、铁屑等杂质，且水色不浑浊为合格。

真题演练

一、单选题

1.［2018年］按建筑安装工程验收项目的划分，监测与控制仪表子分部工程属于（　　）分部工程。

A.建筑电气

B.通风与空调

C.建筑给排水及供暖

D.智能建筑

【答案】C。

2.［2017年］关于建筑管道工程系统试验的说法，正确的是（　　）。

A.管道的压力试验应在无损检测前进行

B.通球试验的球径不小于排水管径的2/3

C.高层建筑管道施工结束后应立即进行整体试验

D.室内埋地排水管道投用前必须做灌水试验

【答案】B。

3. [2015年] 明装排水横干管穿越防火分区隔墙设置防火套管的长度,可用的是( )。

A.200 mm   B.300 mm

C.400 mm   D.500 mm

【答案】D。

二、多选题

1. [2019年] 下列分项工程中,属于建筑饮用水供应系统的有( )。

A.管道及配件安装   B.防腐

C.给水设备安装   D.绝热

E.试验与调试

【答案】ABDE。

2. [2018年] 高层建筑排水管道按设计要求应设置( )。

A.阻火圈   B.防火套管

C.防雷装置   D.伸缩节

E.补偿器

【答案】AB。

4.2 建筑电气工程施工技术

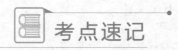 考点速记

一、建筑电气工程的划分和施工程序

(一)建筑电气工程的子分部工程

分部工程	子分部工程
建筑电气工程	室外电气、变配电室、供电干线、电气动力、电气照明、自备电源安装工程、防雷与接地装置等。

(二)建筑电气工程施工程序

开关柜、配电柜	开箱检查→二次搬运→基础框架制作安装→柜体固定→母线连接→二次线路连接→试验调整→送电运行验收。
变压器	开箱检查→变压器二次搬运→变压器本体安装→附件安装→变压器吊芯检查及交接试验→送电前检查→送电运行验收。
母线槽	开箱检查→支架安装→单节母线槽绝缘测试→母线槽安装→通电前绝缘测试→送电验收。
动力设备	设备开箱检查→设备安装→电动机检查、接线→电机干燥(受潮时)→控制设备安装→送电前的检查→送电运行。
照明灯具	灯具开箱检查→灯具组装→灯具安装接线→送电前的检查→送电运行。 注:成套照明灯具的施工程序中不含有灯具组装。
防雷接地装置	接地体施工→接地干线施工→引下线敷设→均压环施工→接闪带(接闪杆、接闪网)施工。

二、建筑电气工程的施工技术要求

(一)变配电设备安装技术要求

变压器和箱式变电所安装	①变压器箱体、干式变压器的支架、基础型钢及外壳应分别单独与保护导体可靠连接,紧固件及防松零件齐全,坚固件及防松零件抽查5%。 ②变压器及高压的电气设备、布线系统以及继电保护系统在投入运行前必须交接试验合格。 ③箱式变电所及其落地式配电箱的基础应高于室外地坪,周围排水通畅。金属箱式变电所及落地式配电箱,箱体应与保护导体可靠连接,且有标识。

（续表）

开关柜和配电柜安装	①配电柜安装垂直度允许偏差为 1.5‰，相互间接缝应 ≤ 2 mm，成列柜面偏差应 ≤ 5 mm。 ②低压成套配电柜线路的线间和线对地间绝缘电阻值，馈电线路应 ≥ 0.5 MΩ，二次回路应 ≥ 1 MΩ。

（二）供电干线及室内配电线路施工技术要求

1.母线槽、梯架、托盘和槽盒的施工

母线槽	①母线槽安装前，应测量每节母线槽的绝缘电阻值，电阻值应 ≥ 20 MΩ。 ②母线槽水平安装时，圆钢吊架直径 ≥ 8 mm，吊架间距应 ≤ 2 m。每节母线槽的支架个数应 ≥ 1 个，转弯处应增设支架加强。垂直安装时应设置弹簧支架。 ③每段母线槽的金属外壳间应可靠连接，母线槽全长与保护导体可靠连接不应少于 2 处。
梯架、托盘和槽盒	金属梯架、托盘或槽盒本体之间的连接应牢固可靠。全长 ≤ 30 m 时，不应少于 2 处与保护导体可靠连接；全长 > 30 m 时，每隔 20~30 m 应增加一个连接点，起始端和终点端均应可靠接地。 非镀锌梯架、托盘、槽盒之间的连接处应跨接保护联结导体；镀锌梯架、托盘、槽盒之间的连接处可不跨接保护联结导体，但连接板每端不应少于 2 个有防松螺帽或防松垫圈的连接固定螺栓。 水平安装的支架间距宜为 1.5~3 m；垂直安装的支架间距应 ≤ 2 m。 直线段钢制或塑料梯架、长度 > 30 m 的托盘和槽盒、铝合金或玻璃钢制梯架、长度 > 15 m 的托盘和槽盒应设置伸缩节；梯架、托盘和槽盒跨越建筑物变形缝处，应设置补偿装置。 配线槽盒宜安装在冷水管道的上方、热水管道和蒸汽管道的下方。当不能满足要求时，应采取防水、隔热措施。

2.导管的施工

焊接要求	钢导管不得采用对口熔焊连接；镀锌钢导管或壁厚 ≤ 2 mm 的钢导管，不得采用套管熔焊连接。按每个检验批的导管连接头总数抽查 20%，且不得少于 1 处。
金属导管与保护导体的连接	金属导管应与保护导体可靠连接。 ①非镀锌钢导管采用螺纹连接时，连接处的两端应熔焊焊接保护联结导体；保护联结导体宜为圆钢，直径应 ≥ 6 mm，其搭接长度应为圆钢直径的 6 倍。 ②镀锌钢导管、可弯曲金属导管和金属柔性导管连接处的两端宜用专用接地卡固定保护联结导体；保护联结导体应为铜芯软导线，截面积应 ≥ 4 mm²。 ③按每个检验批的导管连接头总数抽查 10%，且不得少于 1 处。
导管的弯曲半径	明配导管的弯曲半径宜 ≥ 管外径的 6 倍；当两个接线盒间只有一个弯曲时，其弯曲半径宜 ≥ 管外径的 4 倍。 暗配导管的弯曲半径应 ≥ 管外径的 6 倍；当线路埋设于地下或混凝土内时，其弯曲半径应 ≥ 管外径的 10 倍。

（续表）

导管支架	导管支架安装应牢固，支架圆钢直径≥8 mm，并应设置防晃支架。
柔性导管	刚性导管经柔性导管与设备、器具连接时，柔性导管的长度在动力工程中宜≤0.8 m，在照明工程中宜≤1.2 m。金属柔性导管不应做保护导体的接续导体。

3.导管内穿线和槽盒内敷线

相关要求	同一交流回路的绝缘导线不应敷设于不同的金属槽盒内或穿于不同金属导管内。 不同回路、不同电压等级、交流与直流的导线不得穿在同一管内。 绝缘导线的接头应设置在专用接线盒（箱）或器具内，不得设置在导管内。 同一槽盒内不宜同时敷设绝缘导线和电缆。 槽盒内的绝缘导线总截面积（包括外护套）不应超过槽盒内截面积的40%。 绝缘导线在槽盒内应有一定余量，并应按回路分段绑扎；当垂直或>45°倾斜敷设时，应将绝缘导线分段固定在槽盒内的专用部件上，每段至少应有一个固定点。 管内导线应采用绝缘导线，A、B、C相线绝缘层颜色分别为黄、绿、红，中性线绝缘层为淡蓝色，保护接地线绝缘层为黄绿双色。 导线敷设后，应用500 V兆欧表测试绝缘电阻，线路绝缘电阻应≥0.5 MΩ。

（三）电气动力设备安装技术要求

1.动力配电柜、控制柜（箱、台）的安装

绝缘电阻	配电（控制）设备及至电动机线路的绝缘电阻应≥0.5 MΩ。 二次回路的绝缘电阻应≥1 MΩ。

2.电动机检查、接线和空载试运行

接线前的检查	额定电压≤500 V的电动机用500 V兆欧表测量电动机绝缘电阻，绝缘电阻应≥0.5 MΩ；检查数量为抽查50%，不得少于1台。
电动机的干燥	灯泡干燥法、电流干燥法。
电动机的接线	线路电压为380 V，当电动机额定电压为380 V时应△接，当电动机额定电压为220 V时应Y接。 接地连接端子应接在专用的接地螺栓上，不能接在机座的固定螺栓上。
通电前的检查	接线方式；电源电压、频率；转轴；接地装置；启动设备。
试运行	电动机空载试运行时间宜为2 h。 电动机的启动次数不宜过于频繁，连续启动2次的时间间隔应≥5 min，并应在电动机冷却至常温下进行再次启动。 电动机转向应与设备上运转指示箭头一致。

（四）电气照明的施工

1.照明配电箱的安装

相关要求	照明配电箱应安装牢固，配电箱内应标明用电回路名称。 照明配电箱内应分别设置中性线（N线）和保护接地（PE线）汇流排，中性线和保护地线应在汇流排上连接，不得绞接。 照明配电箱内每一单相分支回路的电流宜≤16 A，灯具数量宜≤25个。大型建筑组合灯具每一单相回路电流宜≤25 A，光源数量宜≤60个（当采用LED光源时除外）。 插座为单独回路时，数量宜≤10个。用于计算机电源插座数量宜≤5个。

2.灯具的安装

相关要求	灯具安装应牢固可靠，采用预埋吊钩、膨胀螺栓等安装固定，在砌体和混凝土结构上严禁使用木楔、尼龙塞或塑料塞固定。固定件的承载能力应与电气照明灯具的重量相匹配。 引向单个灯具的绝缘导线截面积应与灯具功率相匹配，绝缘铜芯导线的线芯截面积应≥1 mm²。功率≥100W的灯具的引入线，应采用瓷管、矿棉等不燃材料做隔热保护。 Ⅰ类灯具外露可导电部分必须用铜芯软导线与保护导体可靠连接，连接处应设置接地标识，铜芯软导线的截面积应与进入灯具的电源线截面积相同。 当吊灯灯具质量＞3 kg时，应采取预埋吊钩或螺栓固定。 质量＞10 kg的灯具的固定及悬吊装置应按灯具重量的5倍做恒定均布载荷强度试验，持续时间≥15 min。

3.开关与插座的安装

开关	相线应经开关控制。 开关安装的位置应便于操作，开关边缘距门框的距离宜为0.15~0.2 m，照明开关安装高度应符合设计要求。 在易燃、易爆和特别潮湿的场所，开关应分别采用防爆型、密闭型或采取其他保护措施。
插座	插座宜由单独的回路配电，而一个房间内的插座宜由同一回路配电。 同一室内相同规格并列安装的插座高度宜一致。

（五）防雷装置施工技术要求

1.接闪杆与接闪带（网）的安装

接闪杆	接闪杆与引下线之间的连接应采用焊接。 当装有接闪杆的金属筒体的厚度≥4 mm时，可作为接闪杆的引下线，筒体底部应有两处与接地体连接。 建筑物上的接闪杆应和建筑物的接闪网连接成一个整体。接闪杆设置独立的接地装置时，其接地装置与其他接地网的地中距离应≥3 m。

(续表)

接闪带（网）	制作接闪带的材料：用40 mm×4 mm镀锌扁钢或φ12 mm镀锌圆钢。 接闪带安装应平正顺直、无急弯，其固定支架应间距均匀、固定牢固、高度一致，固定支架高度宜≥150 mm。接闪带采用镀锌扁钢支架的间距为0.5 m，采用镀锌圆钢支架的间距为1 m。 搭接长度（l）：①扁钢+扁钢，l=扁钢宽度的2倍，三面施焊；②圆钢+圆钢或圆钢+扁钢，l=6d（d为圆钢直径），双面施焊。

2. 防雷引下线的安装

自然引下线	引下线可利用建筑物内的钢梁、钢柱、混凝土柱内钢筋、消防梯等金属构件作为自然引下线。
相关施工要求	当利用建筑物外立面混凝土柱内的主钢筋作为防雷引下线时，接地测试点通常不少于2个，接地测试点应离地0.5 m，测试点应有明显标识。 引下线与接闪器的连接应可靠，应采用焊接或卡夹（接）器连接，引下线与接闪器连接的圆钢或扁钢，其截面积不应小于接闪器的截面积。

（六）接地装置施工技术要求

1. 接地体施工技术要求

（1）金属接地体（极）的施工

垂直埋设	使用的材料：镀锌角钢（厚度为4 mm）、镀锌钢管（壁厚≥2.5 mm）、镀锌圆钢（直径≥14 mm）等。 接地体长度：2.5 m。 埋设要求：埋设后接地体的顶部与地面的距离≥0.6 m；接地体的水平间距应≥5 m（减小相邻接地体的屏蔽效应）；接地体施工完成后应填土夯实（减少接地电阻）。
水平埋设	使用的材料：镀锌扁钢（厚度应≥4 mm，截面积≥100 mm²）；镀锌圆钢（截面积≥100 mm²）等。 接地体长度：几米到几十米。 埋设要求：水平接地体敷设于地下，与地面的距离≥0.6 m；各接地体之间应保持5 m以上的直线距离；埋入后的接地体周围应填土夯实。

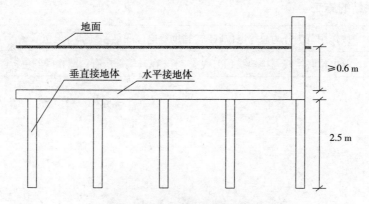

水平接地体与垂直接地体设置示意图

（2）接地模块的施工

相关要求	通常接地模块顶面埋深应≥0.6 m，接地模块间距不应小于模块长度的3~5倍。

（3）接地体施工的注意事项

接地电阻	电气设备独立接地体的接地电阻应＜4 Ω，共用接地体的接地电阻应＜1 Ω。
施工位置	接地体应远离高温影响以及使土壤电阻率升高的高温地方。在土壤电阻率高的地区，可在接地坑内填入化学降阻剂，降低土壤电阻率。

2.接地线的施工

（1）接地干线的施工

接地干线的连接	接地干线的连接采用搭接焊接，搭接长度（l）及施焊要求如下。 ①扁钢（铜排）+扁钢（铜排）：l为扁钢（铜排）宽度的2倍，不少于三面施焊。 ②圆钢（铜杆）+圆钢（铜杆）：l为圆钢（铜杆）直径的6倍，双面施焊。 ③圆钢（铜杆）+扁钢（铜排）：l为圆钢（铜杆）直径的6倍，双面施焊。 ④扁钢（铜排）+钢管（铜管）：紧贴3/4管外径表面，上下两侧施焊。 ⑤扁钢+角钢：紧贴角钢外侧两面，上下两侧施焊。
相关要求	利用钢结构作为接地线时，接地极与接地干线的连接应采用电焊连接。当不允许在钢结构电焊时，可采用柱焊或钻孔、攻丝然后用螺栓和接地线跨接。跨接线一般采用扁钢或两端焊（压）铜接头的导线，跨接线应有150 mm的伸缩量。

（2）接地支线的施工

材料与敷设	接地支线通常采用铜线、铜排、扁钢、圆钢等，室内的接地支线多为明敷。与建筑物结构平行敷设，按水平或垂直敷设在墙壁上，或敷设在母线或电缆桥架的支架上。
设备连接支线	设备连接支线需经过地面，也可埋设在混凝土内。在接地线跨越建筑物伸缩缝、沉降缝处时，应设置补偿器，补偿器可用接地线本身弯成弧状代替。
相关要求	每个电气装置的接地应以单独的接地线与接地干线相连接，不得在一个接地线中串接几个需要接地的电气装置。

3.等电位联结的施工

分类	按作用范围分为总等电位联结、辅助等电位联结和局部等电位联结。
色标	等电位联结线与接地线（PE线）一样，在其端部应有黄绿相间的色标。

 真题演练

一、多选题

1. [2018年] 当不允许在钢结构上做接地线焊接时，一般采用（　　）做接地线跨接。

A. 扁钢　　　　　　　　　　　B. 圆钢

C. 铜排　　　　　　　　　　　D. 铜杆

E. 两端焊（压）铜接头的导线

【答案】AE。

2. [2016年] 关于照明配电箱的安装技术要求，正确的有（　　）。

A. 插座为单独回路时的插座数量不宜超过10个

B. 中性线和保护接地线应在汇流排上连接

C. 配电箱内应标明用电回路的名称和功率

D. 每个单相分支回路的灯具数量不宜超过25个

E. 每个三相分支回路的电流不宜超过16 A

【答案】ABD。

3. [2015年] 下列工序，属于成套电气照明灯具的施工工序的有（　　）。

A. 灯具检查　　　　　　　　　B. 灯具组装

C. 灯具安装　　　　　　　　　D. 灯具接线

E. 灯具送电

【答案】ACDE。

二、实务操作和案例分析题

（一）[2019年·节选]

背景资料：

在设备、材料到达施工现场后，B公司项目部依据施工图纸和施工方案，对灯具、开关及插座的安装进行技术交底，灯具类型及安装高度见下表。

灯具类型	I 类	II 类	III 类
高于2.4 m	3 050个	200个	
低于2.4 m	300个	190个	200个

在施工质量的检查中，监理工程师发现单相三孔插座的保护接地线（PE线）在插座间串联连接（见下图），相线与中性线利用插座本体的接线端子转接供电。监理工程师要求返工，使用连接

器对插座的保护接地线、相线和中性线进行分路连接,施工人员按要求整改后通过验收。

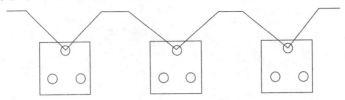

问题:

1.本照明工程有多少个灯具外壳需要与保护导体连接? 写出连接的要求。

2.图中的插座接线会有什么不良后果? 画出正确的插座保护接地线连接的示意图。

参考答案:

1.本照明工程中灯具外壳需要与保护导体连接的灯具个数:3 050+300=3 350(个)。

连接要求: Ⅰ 类灯具外露可导电部分必须用铜芯软导线与保护导体可靠连接,连接处应设置接地标识,铜芯软导线的截面积应与进入灯具的电源线截面积相同。

2.图中的插座接线的不良后果:插座在一个回路,容易烧坏,造成保护接地导线出现短路,进而造成插座接地保护失效。

正确的插座保护接地线连接的示意图如下图所示。

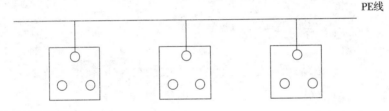

(二)[2017年·节选]

背景资料:

在灯具通电调试时,发现个别灯具外壳带电,经检查是螺口灯头的接线错误,同时还发现嵌入式吸顶灯(重3.5 kg)用螺钉固定在石膏板吊顶上。A安装公司整改后通过验收。

问题:

灯具的安装质量应如何整改?

参考答案:

灯具安装的整改:①灯具的金属外壳应接地或接零,并采用单独的接地线(黄绿双色)接到保护接地(接零)排上;②灯具重量为3.5 kg,超过3 kg,应采取预埋吊钩或螺栓固定。

(三)[2016年·节选]

背景资料:

在光伏发电工程的施工中发生了以下事件。

采购的镀锌扁钢进场后未经验收,立即搬运至仓库屋面,进行避雷带施工,被监理工程师叫停,后经检查验收达到合格要求,避雷带施工后,仓库建筑防雷类别满足光伏发电工程要求。

问题:

1.写出本工程避雷带材料验收的合格要求。

2.本工程避雷带应如何进行电焊连接?

参考答案:

1.本工程避雷带(接闪带)材料验收的合格要求:避雷带(接闪带)的材料应为热镀锌钢材;钢材厚度应≥4 mm,镀层厚度应≥65 μm;镀锌扁钢尺寸规格一般为40 mm×4 mm。

2.本工程避雷带(接闪带)之间的连接应采用搭接焊接,搭接长度为扁钢宽度2倍,三面施焊。

4.3 通风与空调工程施工技术

考点速记

一、通风与空调工程施工程序

金属风管安装	测量放线→支吊架安装→风管检查→组合连接→风管调整→漏风量测试→风管绝热→质量检查。
多联机系统安装	基础验收→室外机吊运→设备减振安装→室外机安装→室内机安装→管道连接→管道强度及真空试验→系统充制冷剂→管道及设备绝热→调试运行→质量检查。
通风空调系统联合试运转	系统检查→通风空调系统的风量、水量测试与调整→空调自控系统的测试调整→联合试运转→数据记录→质量检查。

二、通风与空调工程的施工技术要求

（一）风管系统制作安装的施工技术要求

1.风管按其工作压力的分类

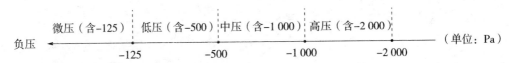

2.风管制作的施工技术要求

（1）风管的拼接

拼接方法	金属风管板材的拼接采用咬口连接、铆接、焊接连接等方法,风管与风管连接采用法兰连接、薄钢板法兰连接等。
示例	一般板厚≤1.2mm的金属板材采用咬口连接,咬口连接有单咬口、联合角咬口、转角咬口、按扣式咬口、立咬口等方法。 板厚>1.5 mm的风管采用电焊、氩弧焊等方法。 镀锌钢板及含有各类复合保护层的钢板应采用咬口连接或铆接,不得采用焊接连接。

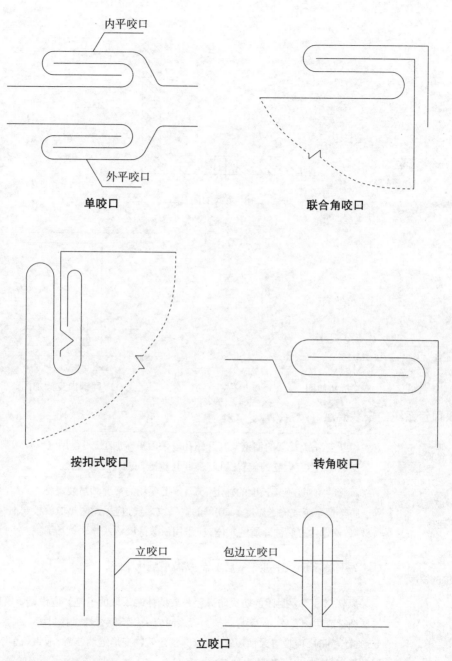

内平咬口

外平咬口

单咬口

联合角咬口

按扣式咬口

转角咬口

立咬口

包边立咬口

立咬口

（2）金属风管的加固措施

拼接方法	风管针对其工作压力等级、板材厚度、风管长度与断面尺寸,采取相应的加固措施。风管可采用管内或管外加固件、管壁压制加强筋等形式进行加固。矩形风管加固件宜采用角钢、轻钢型材或钢板折叠;圆形风管加固件宜采用角钢。

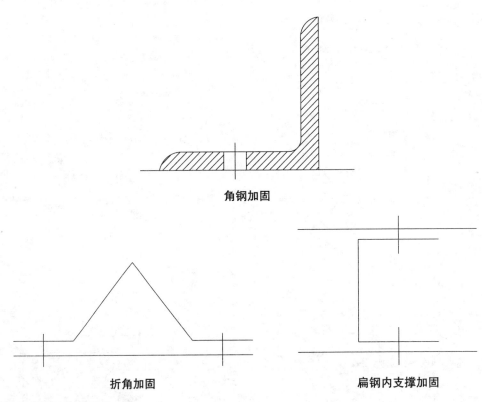

角钢加固

折角加固　　　　　　　　　　扁钢内支撑加固

3.风管系统的安装要点

安装前的检查	切断支、吊、托架的型钢及其开螺孔应采用机械加工,不得用电气焊切割。 支、吊架不宜设置的位置:风口、阀门、检查门及自控装置处。
风管的组对、连接	风管的组对、连接长度的确定依据:施工现场的情况和吊装设备。 防排烟系统或输送温度 > 70 ℃的空气或烟气,应采用耐热橡胶板或不燃的耐温、防火材料;输送含有腐蚀介质的气体,应采用耐酸橡胶板或软聚氯乙烯板。
风管安装就位的程序	先上层后下层、先主干管后支管、先立管后水平管。
防护	风管穿过需要封闭的防火防爆楼板或墙体时采取的措施。应设钢板厚度≥1.6 mm的预埋管或防护套管,风管与防护套管之间应采用不燃柔性材料封堵。风管穿越建筑物变形缝空间时,应设置柔性短管,风管穿越建筑物变形缝墙体时,应设置钢制套管,风管与套管之间应采用柔性防水材料填充密实。
独立支架	应设置独立支架的情形:①边长(直径)≥ 630 mm的防火阀;②边长(直径) > 1 250 mm的弯头和三通;③消声器、静压箱。

4.风管的检验与试验

强度与严密性试验	风管批量制作前,对风管制作工艺进行检测或检验时,应进行风管强度与严密性试验。试验压力:①低压风管的试验压力 $=1.5\,P$。②中压风管的试验压力 $=\max\{1.2\,P,\ 750\ \text{Pa}\}$。③高压风管的试验压力 $=1.2\,P$(P 为工作压力)。 排烟、除尘、低温送风及变风量空调系统风管的严密性应符合中压风管的规定。
其他要求	风管系统安装完成后,应对安装后的主、干风管分段进行严密性试验。严密性检验,主要检验风管、部件制作加工后的咬口缝、铆接孔、风管的法兰翻边、风管管段之间的连接严密性,检验合格后方能交付下道工序。

(二)空调水系统的施工技术要求

冷凝水排水管的坡度	冷凝水排水管的坡度应符合设计要求。当设计无要求时,管道坡度宜 $\geq 8‰$,且应坡向出水口。
阀门安装前的检查	阀门安装前应进行外观检查,工作压力 >1.0 MPa 及在主干管上起到切断作用和系统冷、热水运行转换调节功能的阀门和止回阀,应进行壳体强度和阀瓣密封性能的试验,且试验合格。阀门安装的位置、调试、进出口方向应正确,且应便于操作。
相关试验要求	凝结水系统采用通水试验,应以不渗漏、排水畅通为合格。 水系统管道试验合格后,在制冷机组、空调设备连接前,应进行管道系统冲洗试验。 制冷剂管道系统安装完毕,外观检查合格后,应进行吹污、气密性和抽真空试验。

(三)设备安装的施工技术要求

冷却塔	冷却塔的安装位置应符合设计要求,进风侧距建筑物应 $>1\,000$ mm。冷却塔安装应水平,同一冷却水系统多台冷却塔安装时,各台开式冷却塔的水面高度应一致,高度偏差应 ≤ 30 mm。冷却塔的积水盘应无渗漏,布水器应布水均匀,组装的冷却塔的填料安装应在所有电、气焊接作业完成后进行。
风机安装	风机安装前应检查电机接线是否正确,通电试验时,叶片转动灵活、方向正确,停转后不应每次停留在同一位置上,机械部分无摩擦、松动,无漏电及异常响声。风机与风管连接采用柔性短管。
支托架	换热设备、蓄冷蓄热设备、软化水装置、集分水器等安装应稳固,与设备连接的管道应单独设置支托架,管道应按要求设置阀门、压力表、温度计、过滤器等装置。
满水试验与水压试验	开式水箱(罐)在连接管道前,应进行满水试验,换热器及密闭容器在连接管道前,应进行水压试验。
	风机盘管机组安装前宜进行风机三速试运转及盘管水压试验。试验压力应为系统工作压力的1.5倍,试验观察时间应为2 min,不渗漏为合格。
连接管	水系统管道与设备的连接应在设备安装完毕后进行。管道与水泵、制冷机组的接口应为柔性连接管,且不得强行对口连接。与其连接的管道应设置独立支架。

（四）系统非设计满负荷条件下的联合试运转及调试

试验时间	通风系统的连续试运行时间应≥2 h，空调系统带冷（热）源的连续试运行时间应≥8 h。联合试运行及调试不在制冷期或供暖期时，仅做不带冷（热）源的试运行及调试，并在第一个制冷期或供暖期内补做。
内容	①监测与控制系统的检验、调整与联动运行。 ②系统风量的测定和调整（通风机、风口、系统平衡）。 ③空调水系统的测定和调整。 ④室内空气参数的测定和调整。 ⑤防排烟系统测定和调整。防排烟系统测定风量、风压及疏散楼梯间等处的静压差，并调整至符合设计与消防的规定。
符合的规定	系统总风量调试结果与设计风量的允许偏差应为−5%~+10%；建筑内各区域的压差应符合设计要求。 变风量空调系统联合调试应符合下列规定： ①系统空气处理机组应能在设计参数范围内对风机实现变频调速。 ②空气处理机组在设计机外余压条件下，系统总风量应满足风量允许偏差应为−5%~+10%的要求；新风量与设计新风量的允许偏差为0~+10%。 各变风量末端装置的最大风量调试结果与设计风量的允许偏差应为0~+15%。 空调冷（热）水系统、冷却水系统总流量与设计流量的偏差应≤10%。 舒适性空调的室内温度应优于或等于设计要求。

（五）洁净空调工程的施工

1.风管制作的技术要点

刚度和严密性	洁净空调系统制作风管的刚度和严密性，均按高压和中压系统的风管要求进行。其中，洁净度等级N1级~N5级的按高压系统的风管制作要求；洁净等级N6级~N9级，且工作压力≤1 500 Pa的，按中压系统的风管制作要求。
接缝	风管不得有横向接缝，尽量减少纵向拼接缝。 矩形风管边长≤800 mm时，不得有纵向接缝。 风管的所有咬口缝、翻边处、铆钉处均必须涂密封胶。

2.高效过滤器的安装

安装前的工作	高效过滤器安装前，洁净室的内装修工程必须全部完成，经全面清扫、擦拭，空吹12~24 h后进行。
安装要求	高效过滤器应在安装现场拆开包装，其外层包装不得带入洁净室，但其最内层包装必须在洁净室内方能拆开。 安装前应进行外观检查，重点检查过滤器有无破损漏泄等，并按规范要求进行现场扫描检漏，且应合格。

3.洁净空调工程调试要点

相关要求	净化空调系统的检测和调整应在系统正常运行24 h及以上,达到稳定后进行。工程竣工洁净室(区)洁净度的检测,应在空态或静态下进行。 检测时,室内人员人数宜≤3人,并应穿着与洁净室等级相适应的洁净工作服。 洁净空调工程调试包括:单机试运转,联合试运转;系统调试其检测结果应全部符合设计要求。

真题演练

一、多选题

1.[2019年]关于变风量空调系统非设计满负荷条件下联合调试的要求,正确的有( )。

A.系统总风量实测值与设计风量的偏差不应大于10%

B.系统空气处理机组应能在设计参数范围内对风机实现变频调速

C.空气处理机组新风量实测值与设计新风量的允许偏差为0~+10%

D.空调冷(热)水系统、冷却水系统总流量与设计流量的偏差不应大于10%

E.各变风量末端装置的最大风量调试结果与设计风量的偏差不应大于–5%~+15%

【答案】BCD。

2.[2018年]下列洁净空调系统金属风管必须涂密封胶的位置有( )。

A.法兰焊接处　　　B.咬口缝　　　C.翻边处　　　D.焊接缝

E.铆钉处

【答案】BCE。

二、实务操作和案例分析题

(一)[2017年·节选]

背景资料:

在工程施工中,曾经发生了以下施工质量问题。

因空调设备没有按合同约定送达施工现场,耽误了风管的施工进度。为保证进度,室内主风管安装连接后,A安装公司没有检测风管的严密性就开始风管的保温作业,被监理叫停。后经检验合格才交付下道工序。

问题:

应检查风管哪些部位的严密性?

参考答案:

风管系统安装完成后,应对安装后的主、干风管分段进行严密性试验。

严密性检验的部位:风管、部件制作加工后的咬口缝、铆接孔、风管的法兰翻边、风管管段之间的连接等。

（二）[2016年·节选]

背景资料:

施工过程中,监理工程师在现场巡视时发现:金属风管板材的拼接均采用咬口连接,其中包括1.6 mm镀锌钢板制作的排烟风管。监理工程师要求项目部加强现场质量检查,整改不合格项。

问题:

1.6 mm金属风管板材的拼接方式是否正确？ 如果不正确,应采用哪种拼接方式?

参考答案:

1.6 mm金属风管板材的拼接方式不正确。

正确的拼接方式:采用焊接的连接方式,如电焊、氩弧焊等。

4.4 建筑智能化工程施工技术

一、建筑智能化工程的划分和施工程序

（一）建筑智能化工程的施工程序及工序

1.建筑智能化工程的施工程序

建筑设备监控系统	施工准备→施工图深化→设备、材料采购→管线敷设→设备、元件安装→系统调试→系统试运行→系统检测→系统验收。
安全防范工程	安全防范等级确定→方案设计与报审→工程承包商确定→施工图深化→施工及质量控制→检验检测→管理人员培训→工程验收→投入运行。

2.建筑智能化工程的主要施工工序

（1）施工图深化

深化设计前的工作	确定智能化设备的品牌、型号、规格。
选择产品应考虑的信息	①产品的品牌和生产地、应用实践以及供货的渠道、周期。 ②产品支持的系统规模及监控距离。 ③产品的网络性能及标准化程度。

（2）设备、材料采购和验收

采购中应明确的内容	智能化系统承包方和被监控设备承包方之间的设备供应界面划分（建筑设备监控系统与机电工程的设备、材料的供应范围）。
设备、材料应附有的文件	①产品合格证，质检报告，安装、使用及维护说明书等。 ②进口设备的原产地证明、商检证明、质量合格证明、检测报告、安装使用及维护说明书的中文文本。
质量检测的重点	安全性、可靠性及电磁兼容性等项目。

（3）系统检测

时间	系统试运行合格后。
检测前提交的资料	工程技术文件；设备材料进场检验记录和设备开箱检验记录；自检记录；分项工程质量验收记录；试运行记录。

（续表）

组织	建设单位应组织项目检测小组。 项目检测小组应指定检测负责人。 公共机构的项目检测小组应由有资质的检测单位组成。
检测程序	分项工程→子分部工程→分部工程。
检测记录与结论	检测小组填写分项工程检测记录、子分部工程检测记录和分部工程检测汇总记录。 检测负责人做出检测结论，监理单位的监理工程师（或建设单位的项目专业技术负责人）签字确认。

（4）建筑智能化分部（子分部）工程验收

工程验收的条件	①按经批准的工程技术文件要求施工完毕。 ②完成调试及自检。 ③分项工程质量验收合格。 ④完成系统试运行。 ⑤系统检测合格。 ⑥完成技术培训。
工程验收组织	建设单位组织工程验收小组负责工程验收。 验收小组的人员要求：根据项目的性质、特点和管理要求确定人员数量；人员总数应为单数（专业技术人员的数量不应低于验收人员总数的50%）。
工程验收文件	①竣工图纸。 ②设计变更记录和工程洽商记录。 ③设备材料进场检验记录和设备开箱检验记录。 ④分项工程质量验收记录。 ⑤试运行记录。 ⑥系统检测记录。 ⑦培训记录和培训资料。

（5）各子系统验收时，还应包括的验收文件

智能化集成系统	针对项目编制的应用软件文档；接口技术文件；接口测试文件。
综合布线系统	综合布线管理软件相关文档。
有线电视及卫星电视接收系统	用户分配电平图。
建筑设备监控系统	中央管理工作站软件的安装手册、使用和维护手册；控制器箱内接线图。
防雷与接地系统	防雷保护设备一览表。
机房工程	机柜设备装配图。

二、建筑智能化设备的安装技术要求

(一)建筑智能化系统设备安装技术规定

1.建筑智能化监控设备的安装要求

主要输入设备安装	水管型传感器开孔与焊接工作,必须在管道的压力试验、清洗、防腐和保温前进行。风管型传感器安装应在风管保温层完成后进行。 传感器至现场控制器之间的连接应符合设计要求。例如,镍温度传感器的接线电阻应 $< 3\ \Omega$,铂温度传感器的接线电阻应 $< 1\ \Omega$,并在现场控制器侧接地。 电磁流量计应安装在流量调节阀的上游,流量计上游的直管段长度应为 $10\ d$,下游的直管段长度应为 $4{\sim}5\ d$(d 为管径长度)。
主要输出设备安装	电磁阀、电动调节阀安装前,应按说明书规定检查线圈与阀体间的电阻,进行模拟动作试验和压力试验。阀门外壳上的箭头指向与水流方向一致。 电动风阀控制器安装前,应检查线圈和阀体间的电阻、供电电压、输入信号等是否符合要求,宜进行模拟动作检查。

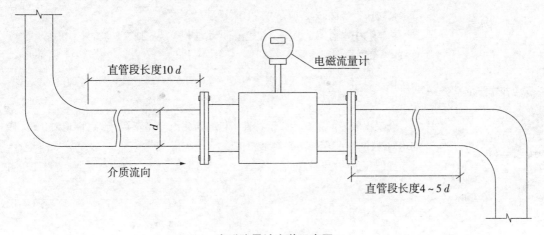

电磁流量计安装示意图

2.安全防范系统设备安装

探测器安装	安装前应通电检测,工作应正常,在满足监视目标视场范围要求下,探测器室内安装的距地高度宜 $\geq 2.5\ \text{m}$,室外安装的距地高度宜 $\geq 3.5\ \text{m}$。
出入口控制设备安装	各类识读装置安装的距地高度宜 $\leq 1.5\ \text{m}$。
对讲设备安装	对讲主机操作面板安装的距地高度宜 $\leq 1.5\ \text{m}$。
巡查设备安装	巡查设备安装的距地高度为 $1.3{\sim}1.5\ \text{m}$。

（二）建筑智能化系统设备调试检测

1.广播系统扬声器检测

广播系统扬声器	紧急广播（包括火灾应急广播功能）应检测的内容：紧急广播具有最高级别的优先权；紧急广播向相关广播区域播放警示信号、警报语声或实时指挥语声的响应时间；音量自动调节功能。 检测广播系统的声场不均匀度、漏出声衰减及系统设备信噪比符合设计要求。 系统调试持续加电时间<u>应≥24 h</u>。

2.建筑设备监控系统设备调试检测

变配电系统	变配电设备各高、低压开关运行状况及故障报警；电源及主供电回路电流值显示、电源电压值显示、功率因素测量、电能计量等。 变压器超温报警；应急发电机组供电电流、电压及频率及储油罐液位监视，故障报警；不间断电源工作状态、蓄电池组及充电设备工作状态检测。
给水排水系统	给水系统、排水系统和中水系统液位、压力参数及水泵运行状态检测；自动调节水泵转速；水泵投运切换；故障报警及保护。 给水和中水监控系统应全部检测；排水监控系统应抽检50%，且不得少于5套，总数＜5套时应全部检测。
安全技术防范系统	摄像机、探测器、出入口识读设备、电子巡查信息识读器等设备抽检的数量不应低于20%，且不应少于3台，数量少于3台时应全部检测。
会议系统	会议视频显示系统的显示特性指标的检测内容：显示屏亮度；图像对比度；亮度均匀性；图像水平清晰度；色域覆盖率；水平视角、垂直视角。 性能评价的检测宜包括声音延时、声像同步、会议电视回声、图像清晰度和图像连续性。

真题演练

一、单选题

1. ［2019年］建筑智能化集成系统验收文件中，不包括的文件是（　　　）。

A.应用软件文档　　　　　　　　　　　　B.接口技术文件

C.防火墙配备文件　　　　　　　　　　　D.接口测试文件

【答案】C。

2. ［2016年］建筑智能化系统验收时，有线电视系统应包括的验收文件是（　　　）。

A.控制箱内接线图

B.防雷保护设备布置图

C.机柜设备装配图

D.用户分配电平图

【答案】D。

二、多选题

[2017年]关于安全技术防范系统的检测规定,正确的有( )。

A.摄像机抽检的数量不应低于10%,且不应少于5台

B.探测器抽检的数量不应低于20%,且不应少于3台

C.门禁器抽检的数量不应低于5%,且不应少于3台

D.电子巡查信息识读器的数量少于3台时,应全部检测

E.出入口识读器设备的数量少于10台时,应全部检测

【答案】BD。

4.5 消防工程施工技术

一、消防工程的划分和施工程序

（一）消防工程的施工程序

1.各系统的施工程序

消火栓灭火系统	施工准备→干管安装→立管、支管安装→箱体稳固→附件安装→管道试压、冲洗→系统调试。
自动喷水灭火系统	施工准备→干管安装→报警阀安装→立管安装→分层干、支管安装→喷洒头支管安装→管道试压→管道冲洗→减压装置安装→报警阀配件及其他组件安装→喷洒头安装→系统通水调试。
防排烟系统	施工准备→支吊架制作、安装→风管及阀部件制作安装→风管强度及严密性试验→风机安装→防排烟风口安装→单机调试→系统调试。

2.自动喷水灭火系统的减压装置

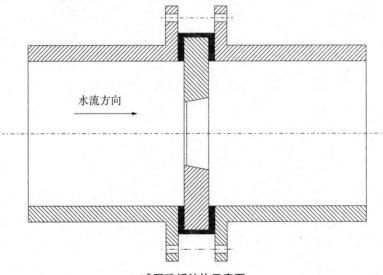

减压孔板结构示意图

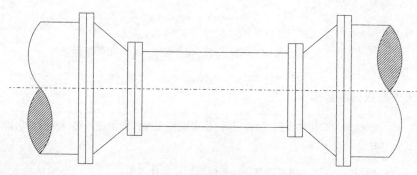

节流管结构示意图

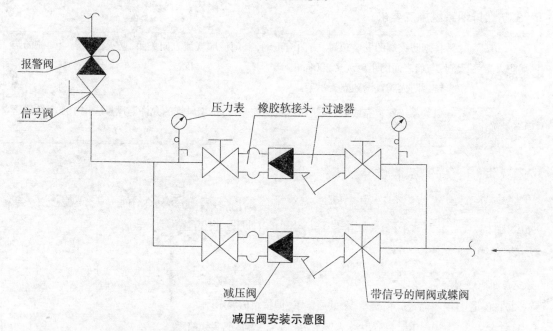

减压阀安装示意图

（二）消防工程施工技术要求

1.水灭火系统施工要求

消防给水架空管道	当管径≥DN50时,每段配水干管或配水管设置的防晃支架数量应≥1个,且防晃支架的间距宜≤15 m;当管道拐弯、三通及四通等改变方向时,应增设1个防晃支架。
坡度	自动喷水灭火系统的管道横向安装宜设2‰~5‰的坡度,且应坡向排水管。
室内消火栓栓口	室内消火栓栓口出水方向宜向下或与设置消火栓的墙面成90°角,栓口不应安装在门轴侧。 室内消火栓栓口中心距地面应为1.1 m,特殊地点的高度可特殊对待,允许偏差 ±20 mm。
喷头	安装时间:系统试压、冲洗合格后。 相关要求:安装时不应对喷头进行拆装、改动,并严禁给喷头、隐蔽式喷头的装饰盖板附加任何装饰性涂层。喷头安装应使用专用扳手,严禁利用喷头的框架施拧;喷头的框架、溅水盘产生变形或释放原件损伤时,应采用规格、型号相同的喷头更换。

（续表）

消防给水管网	消防给水管网安装完毕后,应对其进行强度试验、冲洗和严密性试验。

2.气体灭火系统安装要求

选择阀	选择阀的安装高度超过1.7 m时,应采取便于操作的措施。选择阀的流向指示箭头应指向介质流动方向。
调试项目	模拟启动试验、模拟喷气试验和模拟切换操作试验。

3.防烟排烟系统施工要求

排烟防火阀	排烟防火阀的安装位置、方向应正确,阀门应顺气流方向关闭,防火分区隔墙两侧的防火阀,与墙表面的距离应≤200 mm。 排烟防火阀宜设独立支吊架。
风管系统	风管系统安装完成后,应进行严密性检验;防排烟风管的允许漏风量应按中压系统风管确定。

二、消防工程的验收要求

（一）建设单位应当向住房和城乡建设主管部门申请消防设计审查,并在建设工程竣工后向出具消防设计审核意见的消防机构申请消防验收的建设工程

（1）公共建筑类

建筑总面积	具体建筑物
大于20 000 m²	体育场馆、会堂,公共展览馆、博物馆的展示厅。
大于15 000 m²	民用机场航站楼、客运车站候车室、客运码头候船厅。
大于10 000 m²	宾馆、饭店、商场、市场。
大于2 500 m²	影剧院,公共图书馆的阅览室,营业性室内健身、休闲场馆,医院的门诊楼,大学的教学楼、图书馆、食堂,劳动密集型企业的生产加工车间,寺庙、教堂。
大于1 000 m²	托儿所、幼儿园的儿童用房,儿童游乐厅等室内儿童活动场所,养老院、福利院,医院、疗养院的病房楼,中小学校的教学楼、图书馆、食堂,学校的集体宿舍,劳动密集型企业的员工集体宿舍。
大于500 m²	歌舞厅、录像厅、放映厅、卡拉OK厅、夜总会、游艺厅、桑拿浴室、网吧、酒吧,具有娱乐功能的餐馆、茶馆、咖啡厅。
—	国家机关办公楼、电力调度楼、电信楼、邮政楼、防灾指挥调度楼、广播电视楼、档案楼。
注:除表格建筑之外的单体建筑面积＞40 000 m²或者建筑高度＞50 m的其他公共建筑。	

（2）其他建筑或建设工程

具体内容	①国家标准规定的一类高层住宅建筑。 ②城市轨道交通、隧道工程，大型发电、变配电工程。 ③生产、储存、装卸易燃易爆危险物品的工厂、仓库和专用车站、码头，易燃易爆气体和液体的充装站、供应站、调压站。

（二）消防工程验收应提交的资料

施工单位应提交的资料	竣工图、设备开箱记录、施工记录（包括隐蔽工程验收记录）、设计变更记录、调试报告、竣工报告。
建设单位应提交的资料	①建设工程消防验收申报表。 ②工程竣工验收报告和有关消防设施的竣工图纸以及相关隐蔽工程施工和验收资料。 ③符合要求的检测机构出具的消防设施及系统检测合格文件。 ④具有防火性能要求的装修材料符合国家标准或者行业标准的证明文件。 ⑤消防设施检测合格证明文件。 ⑥施工、工程监理、消防技术服务机构的合法身份证明和资质等级证明文件。 ⑦建设单位的工商营业执照等合法身份证明文件。 ⑧法律、行政法规规定的其他材料。

（三）消防工程验收的组织及验收程序

组织形式	建设工程消防验收由住房和城乡建设主管部门组织实施，建设、设计、施工、工程监理、建筑消防设施技术检测等单位予以配合。
验收程序	验收受理→现场检查→现场验收→结论评定→工程移交。

（四）施工过程中的消防验收

消防验收形式	验收形式：隐蔽工程消防验收、粗装修消防验收、精装修消防验收。 粗装修消防验收合格后，建筑物尚不具备投入使用的条件。 精装修消防验收合格后，房屋建筑具备投入使用条件。

真题演练

一、单选题

[2017年]下列建设工程，不需要申请消防设计审核的是（　　　）。

A.政府办公楼　　　　　　　　　　　　　B.城市轨道交通

C.2 000 m² 中学图书馆　　　　　　　D.6层住宅楼

【答案】D。

二、实务操作和案例分析题

[2019年·节选]

背景资料:

某超高层项目,建筑面积约18万 m²,高度260 m。建设单位要求F1~F7层的商业部分提前投入运营,需要提前组织消防验收。

F1~F7层商业工程竣工后,建设单位申请消防验收,递交的技术资料如下:

①消防验收申请表。

②工程竣工验收报告、隐蔽工程施工和验收资料。

③消防产品市场准入证明文件。

④具有防火性能要求的建筑构件、装修材料证明文件和出厂合格证。

⑤工程监理单位、消防技术服务机构的合法身份和资质等级证明文件。

⑥建设单位的工商营业执照合法身份证明文件等。

经消防部门审查资料不全,被要求补充。

问题:

建设单位提出的F1~F7层商业局部消防验收的申请是否可以?建设单位还应补充哪些消防验收资料?

参考答案:

建设单位提出的F1~F7层商业局部消防验收的申请可以进行。对于大型建设工程需要局部投入使用的部分,根据建设单位的申请,可实施局部建设工程消防验收。

建设单位还应补充的消防验收资料:

①有关消防设施的竣工图纸。

②符合要求的检测机构出具的消防设施及系统检测合格文件。

③消防设施检测合格证明文件。

④施工单位的合法身份证明和资质等级证明文件。

⑤法律、行政法规规定的其他材料。

4.6 电梯工程施工技术

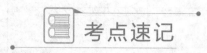

考点速记

一、电梯工程的划分和施工程序

1.电梯按运行速度的划分

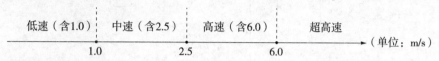

低速（含1.0） | 中速（含2.5） | 高速（含6.0） | 超高速
1.0 — 2.5 — 6.0 →（单位：m/s）

2.电梯的主要技术参数

电力驱动的曳引式或强制式电梯、液压电梯	主要技术参数:额定载重量和额定速度。
自动扶梯、自动人行道	主要技术参数:额定速度、倾斜角、提升高度、运输能力。

3.电梯的主要组成

（1）从空间占位的角度

电力驱动的曳引式或强制式电梯	组成:机房、井道、轿厢、层站。
自动扶梯	组成:驱动站、倾斜段、下回转站。

（2）从系统功能的角度

电梯	组成:曳引系统、导向系统、轿厢系统、门系统、重量平衡系统、驱动系统、控制系统、安全保护系统等八大系统。
液压电梯	组成:泵站系统、液压系统、导向系统、轿厢系统、门系统、电气控制系统、安全保护系统。

4.电梯工程的分部分项工程划分

分部工程	子分部工程	分项工程
电梯工程	电力驱动的曳引式或强制式电梯	设备进场验收,土建交接检验,驱动主机,导轨,门系统,轿厢,对重,安全部件,悬挂装置,随行电缆,补偿装置,电气装置,整机安装验收。
	液压电梯	设备进场验收,土建交接检验,液压系统,导轨,门系统,轿厢,对重,安全部件,悬挂装置,随行电缆,电气装置,整机安装验收。
	自动扶梯、自动人行道	设备进场验收,土建交接检验,整机安装验收。

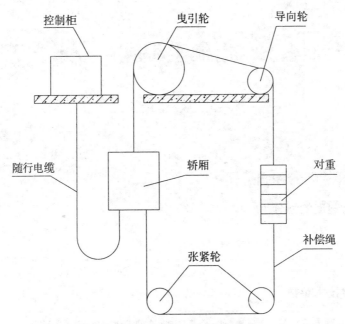

曳引式电梯工作原理示意图

5.电梯安装前应履行的手续和安全管理

书面告知要求	电梯安装的施工单位应在许可证范围内承担业务,并应当在施工前将拟进行安装的电梯情况书面告知工程所在的直辖市或设区的市的特种设备安全监督管理部门,告知后即可施工。
书面告知应提交的材料	《特种设备安装改造维修告知单》;施工单位及人员资格证件;施工组织与技术方案;工程合同;安装监督检验约请书;电梯制造单位的资质证件。

6.电力驱动的曳引式或强制式电梯施工程序

施工程序	清理底坑、搭脚手架、井道测量、验收交接→设备进场验收→开箱点件→安装样板架、放线→轨道安装→轿厢组装→曳引机和机房其他设备安装→缓冲器和对重装置安装→曳引绳安装→厅门安装→电气装置安装→调试验收→试运转。

二、电梯工程的验收要求

(一)验收流程

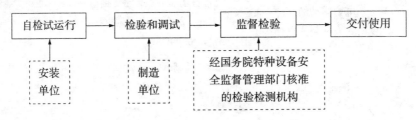

（二）电梯技术资料的要求

电梯制造资料 （出厂随机文件）	土建布置图；产品出厂合格证；门锁装置、限速器、安全钳及缓冲器等保证电梯安全的主要部件的型式检验证书复印件；设备装箱单；安装使用维护说明书；动力电路和安全电路的电气原理图。
验收资料	土建交接检验记录、设备进场验收记录、分项工程验收记录、子分部工程验收记录、分部工程验收记录。

（三）电梯工程的验收要求

1.电力驱动的曳引式或强制式电梯安装工程验收要求

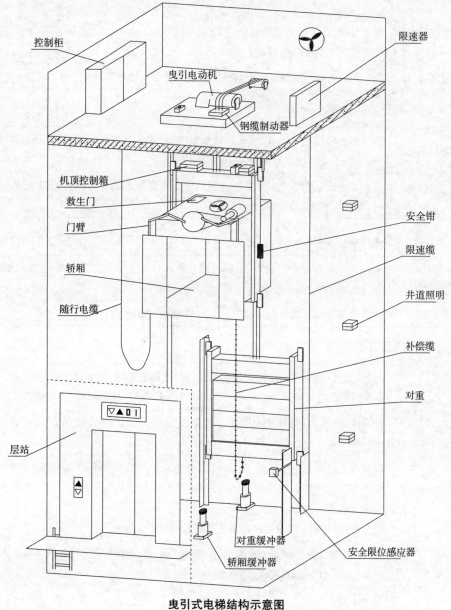

控制柜
限速器
曳引电动机
钢缆制动器
机顶控制箱
救生门
门臂
轿厢
随行电缆
安全钳
限速缆
井道照明
补偿缆
对重
层站
对重缓冲器
轿厢缓冲器
安全限位感应器

曳引式电梯结构示意图

（1）土建交接检验

对重缓冲器	当井道底坑下有人员能到达的空间存在，且对重（或平衡重）上未设有安全钳装置时，对重缓冲器必须能安装在（或平衡重运行区域的下边必须）一直延伸到坚固地面上的实心桩墩上。
安全保护围封	电梯安装之前，所有厅门预留孔必须设有高度≥1 200 mm的安全保护围封（安全防护门），并应保证有足够的强度，保护围封下部应有高度≥100 mm的踢脚板，并应采用左右开启方式，不能上下开启。
井道安全门	当相邻两层门地坎间的距离＞11 m时，其间必须设置井道安全门，井道安全门严禁向井道内开启，且必须装有安全门处于关闭时电梯才能运行的电气安全装置。
永久性电气照明	井道内应设置永久性电气照明，井道照明电压宜采用36 V安全电压，井道内照度≥50 lx，井道最高点和最低点0.5 m内应各装一盏灯，中间灯间距≤7 m，并分别在机房和底坑设置一控制开关。
轿厢缓冲器	轿厢缓冲器支座下的底坑地面应能承受满载轿厢静载4倍的作用力。

（2）轿厢系统安装验收要求

玻璃轿壁的扶手	当距轿底在1.1 m以下使用玻璃轿壁时，必须在距轿底面0.9~1 m的高度安装扶手，且扶手必须独立地固定，不得与玻璃有关。
轿顶	为保证人员安全，当轿顶外侧边缘至井道壁水平方向的自由检查距离＞0.3 m时，轿顶应装设防护栏及警示性标识。

（3）电气装置安装验收要求

导电部分的连接	所有电气设备及导管、线槽的外露可以导电部分应当与保护线（PE）连接，接地支线应分别直接接至接地干线的接线柱上，不得互相连接后再接地。
绝缘电阻	动力和电气安全装置电路导体之间和导体对地之间的绝缘电阻≥0.5 MΩ。

（4）电梯整机验收的要求

断相、错相保护	当控制柜三相电源中任何一相断开或任何两相错接时，断相、错相保护装置或功能应使电梯不发生危险故障。当错相不影响电梯正常运行时可没有错相保护装置或功能。
保护装置	动力电路、控制电路、安全电路必须有与负载匹配的短路保护装置；动力电路必须有过载保护装置。
限速器等设备	限速器上的轿厢（对重、平衡重）下行标志必须与轿厢（对重、平衡重）的实际下行方向相符。限速器铭牌上的额定速度、动作速度必须与被检电梯相符。限速器必须与其型式试验证书相符。 安全钳、缓冲器、门锁装置必须与其型式试验证书相符。
安全触点	上、下极限开关必须是安全触点，在端站位置进行动作试验时必须动作正常。在轿厢或对重（如果有）接触缓冲器之前必须动作，且缓冲器完全压缩时，保持动作状态。

（续表）

限速器与安全钳电气开关	限速器与安全钳电气开关在联动试验中必须动作可靠,且应使驱动主机立即制动。
额定载重量	对瞬时式安全钳,轿厢应载有均匀分布的额定载重量;对渐进式安全钳,轿厢应载有均匀分布的125%额定载重量。当短接限速器及安全钳电气开关,轿厢以检修速度下行,人为使限速器机械动作时,安全钳应可靠动作,轿厢必须可靠制动,且轿底倾斜度应≤5%。
层门与轿门的试验	进行层门与轿门的试验时,每层层门必须能够用三角钥匙正常开启,当一个层门或轿门(在多扇门中任何一扇门)非正常打开时,电梯严禁启动或继续运行。
曳引能力试验	进行曳引式电梯的曳引能力试验时,轿厢在行程上部范围空载上行及行程下部范围载有125%额定载重量下行,分别停层3次以上,轿厢必须可靠地制停(空载上行工况应平层)。轿厢载有125%额定载重量以正常运行速度下行时,切断电动机与制动器供电,电梯必须可靠制动。当对重完全压在缓冲器上,且驱动主机按轿厢上行方向连续运转时,空载轿厢严禁向上提升。
运行试验	电梯安装后应进行运行试验。轿厢分别在空载、额定载荷工况下,按产品设计规定的每小时启动次数和负载持续率各运行1 000次(每天不少于8 h),电梯应运行平稳、制动可靠、连续运行无故障。

2.自动扶梯、自动人行道安装工程质量验收要求

(1)土建交接检验

相关高度要求	自动扶梯的梯级或自动人行道的踏板或胶带上空,垂直净高度≥2.3 m。 在安装之前,井道周围必须设有保证安全的栏杆或屏障,其高度≥1.2 m。

(2)整机安装验收

自动停止的相关情形	在下列情况下,自动扶梯、自动人行道必须自动停止运行,且第②种至第⑧种情况下的开关断开的动作必须通过安全触点或安全电路来完成。 ①无控制电压、电路接地的故障、过载。 ②控制装置在超速和运行方向非操纵逆转下动作。 ③附加制动器(如果有)动作。 ④直接驱动梯级、踏板或胶带的部件(如链条或齿条)断裂或过分伸长。 ⑤驱动装置与转向装置之间的距离(无意性)缩短。 ⑥梯级、踏板下陷,或胶带进入梳齿板处有异物夹住,且产生损坏梯级、踏板或胶带支撑结构。 ⑦无中间出口的连续安装的多台自动扶梯、自动人行道中的一台停止运行。 ⑧扶手带入口保护装置动作。
相关试验	自动扶梯、自动人行道应进行空载制动试验,制停距离应符合标准规范的要求。 自动扶梯、自动人行道应进行载有制动载荷的下行制停距离试验(除非制停距离可以通过其他方法检验),制动载荷、制停距离应符合标准规范的规定。

 真题演练

单选题

1.［2019年］关于电梯整机验收要求的说法,错误的是(   )。

A.电梯的动力电路必须有过载保护装置

B.断相保护装置应使电梯不发生危险故障

C.电梯门锁装置必须与其型式试验证书相符

D.限速器在联动试验中应使电梯主机延时制动

【答案】D。

2.［2018年］自动人行道自动停止运行时,开关断开的动作不用通过安全触点或安全电器来完成的是(   )。

A.过载

B.踏板下陷

C.扶手带入口保护装置动作

D.附加制动器动作

【答案】A。

3.［2017年］下列子分部工程中,不属于液压电梯安装工程的是(   )。

A.补偿装置安装

B.悬挂装置安装

C.导轨安装

D.对重(平衡重)安装

【答案】A。

4.［2016年］关于曳引式电梯安装的验收要求,正确的是(   )。

A.对重缓冲器不能延伸到地面实心桩墩上

B.随机文件包括缓冲器等型式试验证书的复印件

C.相邻两层门地坎距离大于10 m时,应有井道安全门

D.井道底坑地面能承受满载轿厢静载2倍的重力

【答案】B。

第二篇
机电工程项目施工管理

第一章 机电工程施工招标投标管理

 知识图谱

考情速览

考点	历年考点分值分布				
	2019 年	2018 年	2017 年	2016 年	2015 年
机电工程施工招标投标管理	5	0	11	1	0

 考点速记

一、施工招标投标范围和要求

1.招标的范围
（1）必须招标的项目

```
机电工程
必须招标
的项目
```

① 全部或部分使用国有资金或国家融资的项目
- 使用预算资金200万元人民币以上，并且该资金占投资额10%以上的项目
- 使用国有企业事业单位资金，并且该资金占控股或者主导地位的项目

② 使用国际组织或者外国政府贷款、援助资金的项目
- 使用世界银行、亚洲开发银行等国际组织贷款、援助资金的项目
- 使用外国政府及其机构贷款、援助资金的项目

③ 不属于1、2规定情形的的大型基础设施、公用事业等关系社会公共利益、公众安全的项目，必须招标的具体范围由国务院发展改革部门会同国务院有关部门按照确有必要、严格限定的原则制订，报国务院批准

上述1~3条规定范围内的项目，其勘察、设计、施工、监理以及与工程建设有关的重要设备、材料等的采购达到下列标准之一的，必须招标
- 施工单项合同估算价＞400万元人民币
- 重要设备、材料等货物的采购，单项合同估算价＞200万元人民币
- 勘察、设计、监理等服务的采购，单项合同估算价＞100万元人民币。同一项目中可以合并进行的勘察、设计、施工、监理以及与工程建设有关的重要设备、材料等的采购，合同估算价合计达到前款规定标准的

（2）可以不招标的项目

```
可以
不招标的
项目
```

涉及国家安全、国家秘密、抢险救灾或者属于利用扶贫资金实行以工代赈、需要使用农民工等特殊情况，不适宜进行招标的机电工程项目，按照国家有关规定可以不进行招标

除上述情况，有下列情况之一的，也可以不进行招标
- 需要采用不可替代的专利或者专有技术
- 采购人依法能够自行建设、生产或者提供
- 已通过招标方式选定的特许经营项目投资人依法能够自行建设、生产或者提供
- 需要向原中标人采购工程、货物或者服务，否则将影响施工或者功能配套要求
- 国家规定的其他特殊情形

注：①使用国际组织或者外国政府贷款、援助资金的机电工程项目进行招标，贷款方、资金提供方对招标

投标的具体条件和程序有不同规定的,可以适用其规定,但违背中华人民共和国的社会公共利益的除外。

②招标人可以依法对工程以及与工程建设有关的货物、服务全部或者部分实行总承包招标。以暂估价形式包括在总承包范围内的工程、货物、服务属于依法必须进行招标的项目范围且达到国家规定规模标准的,应当依法进行招标。

2.招标的方式及相关规定

```
招标方式 ┬─ 公开招标:以招标公告的方式邀请    ┬─ 发布媒介:国家指定报刊、信
        │   不特定的法人或者其他组织投标    │   息网络或其他媒介
        │                              └─ 公告内容:招标人名称和地址;
        │                                  招标项目的性质、数量、实施地
        │                                  点和时间以及获取招标文件的办
        │                                  法等事项
        └─ 邀请招标:以投标邀请书的方式邀请  ┬─ 招标数量:3个以上法人或组织
            特定的法人或者其他组织投标      └─ 特定法人或组织应当具备相应
                                           的能力和资质
```

注:国有资金占控股或者主导地位的依法必须进行招标的项目,应当公开招标;但有下列情形之一的,可以邀请招标:

①技术复杂、有特殊要求或者受自然环境限制,只有少量潜在投标人可供选择。

②采用公开招标方式的费用占项目合同金额的比例过大。

③国务院发展计划部门确定的国家重点项目和省、自治区、直辖市人民政府确定的地方重点项目不适宜公开招标的,经国务院发展计划部门或者省、自治区、直辖市人民政府批准,可以进行邀请招标。

机电工程招标管理的相关规定	①招标人应当根据招标项目的特点和需要编制招标文件。国家对招标项目的技术、标准有规定的,招标人应当按照其规定在招标文件中提出相应要求。招标项目需要划分标段、确定工期的,招标人应当合理划分标段、确定工期,并在招标文件中载明。 ②招标人采用资格预审办法对潜在投标人进行资格审查的,应当发布资格预审公告、编制资格预审文件。资格预审文件或者招标文件的发售期不得少于5 d。依法必须进行招标的项目提交资格预审申请文件的时间,自资格预审文件停止发售之日起不得少于5 d。通过资格预审的申请人少于3个的,应当重新招标。 ③招标人可以对已发出的资格预审文件或者招标文件进行必要的澄清或者修改。澄清或者修改的内容可能影响资格预审申请文件或者投标文件编制的,招标人应当在提交资格预审申请文件截止时间至少3 d前,或者投标截止时间至少15 d前,以书面形式通知所有获取资格预审文件或者招标文件的潜在投标人;不足3 d或者15 d的,招标人应当顺延提交资格预审申请文件或者投标文件的截止时间。该澄清或者修改的内容为招标文件的组成部分。 ④招标人对招标项目划分标段的,应当遵守《招标投标法》的有关规定,不得利用划分标段限制或者排斥潜在投标人。依法必须进行招标的项目的招标人不得利用划分标段规避招标。

（续表）

机电工程招标管理的相关规定	⑤招标人应当确定投标人编制投标文件所需要的合理时间；但是，依法必须进行招标的项目，自招标文件开始发出之日起至投标人提交投标文件截止之日止，最短不得少于20 d。 ⑥招标人应当在招标文件中载明投标有效期。投标有效期从提交投标文件的截止之日起算。 ⑦招标人可以在招标文件中要求投标人提交投标担保。投标担保可以采用投标保函或者投标保证金的方式。投标保证金一般不得超过投标总价的2%。投标保证金有效期应当与投标有效期一致。招标人不得挪用投标保证金。 ⑧招标人可以自行决定是否编制标底。一个招标项目只能有一个标底。标底必须保密。招标人设有最高投标限价的，应当在招标文件中明确最高投标限价或者最高投标限价的计算方法。招标人不得规定最低投标限价。 ⑨对技术复杂或者无法精确拟定技术规格的项目，招标人可以分两阶段进行招标。 **注：**第一阶段，投标人按照招标公告或者投标邀请书的要求提交不带报价的技术建议，招标人根据投标人提交的技术建议确定技术标准和要求，编制招标文件。 第二阶段，招标人向在第一阶段提交技术建议的投标人提供招标文件，投标人按照招标文件的要求提交包括最终技术方案和投标报价的投标文件。招标人要求投标人提交投标保证金的，应当在第二阶段提出。 ⑩招标人根据招标项目的具体情况，可以组织潜在投标人踏勘项目现场。招标人不得组织单个或者部分潜在投标人踏勘项目现场。
机电工程投标管理的相关规定	①投标人应当具备承担招标项目的能力。 ②投标人应当按照招标文件的要求编制投标文件。 ③投标人应当在招标文件要求提交投标文件的截止时间前将投标文件送达投标地点。招标人收到投标文件后，应当签收保存，不得开启。投标人少于3个的，招标人应当依照《招标投标法》重新招标。 ④投标人在招标文件要求提交投标文件的截止时间前，可以补充、修改或者撤回已提交的投标文件，并书面通知招标人。补充、修改的内容为投标文件的组成部分。 ⑤以联合体进行投标的，联合体各方均应当具备承担招标项目的相应能力。由同一专业的单位组成的联合体，按照资质等级较低的单位确定资质等级。联合体各方应当签订共同投标协议，明确约定各方拟承担的工作和责任，并将共同投标协议连同投标文件一并提交招标人。联合体中标的，联合体各方应当共同与招标人签订合同，就中标项目向招标人承担连带责任。 ⑥投标人撤回已提交的投标文件，应当在投标截止时间前书面通知招标人。招标人已收取投标保证金的，应当自收到投标人书面撤回通知之日起5 d内退还。投标截止后投标人撤销投标文件的，招标人可以不退还投标保证金。
机电工程开标的相关规定	开标应当按照招标文件规定的时间、地点，公开进行。投标人＜3个的，不得开标；招标人应当重新招标。

（续表）

机电工程评标的 相关规定	①评标由招标人依法组建的评标委员会负责。评标委员会由招标人代表和有关技术、经济等方面的专家组成，成员人数为5人以上的单数，其中技术、经济等方面的专家不得少于成员总数的2/3。 ②评标完成后，评标委员会应当向招标人提交书面评标报告和中标候选人名单。中标候选人应当不超过3个，并标明排序。
评标委员会否决 其投标的情形	①投标文件没有对招标文件的实质性要求和条件做出响应。 ②投标文件中部分内容需经投标单位盖章和单位负责人签字的而未按要求完成，投标文件未按要求密封。 ③弄虚作假、串通投标及行贿等违法行为。 ④低于成本的报价或高于招标文件设定的最高投标限价。 ⑤投标人不符合国家或招标文件规定的资格条件。 ⑥同一投标人提交两个以上不同的投标文件或者投标报价（但招标文件要求提交备选标的除外）。

二、施工投标的条件与程序

1.机电工程投标

机电工程投标条件	①机电工程项目已具备招标条件。 ②投标人资格已符合规定，并对招标文件做出实质性响应。 ③投标人已按招标文件要求编制了投标文件。 ④投标人已按招标文件要求提交了投标担保。 ⑤投标人参加依法必须进行招标的项目的投标，不受地区或者部门的限制，任何单位和个人不得非法干涉。 ⑥招标人在招标文件载明可接受联合体投标时，联合体应当在提交资格预审申请文件前组成，并签订共同投标协议。资格预审后联合体增减、更换成员的，其投标无效。 ⑦投标人有下列情况不得参与投标：与招标人存在利害关系可能影响招标公正性的法人、其他组织或者个人；单位负责人为同一人或者存在控股、管理关系的不同单位，不得参加同一标段或者未划分标段的同一招标项目投标。
机电工程投标 程序的主要环节	①向招标人申报资格审查，提供有关文件资料。 ②购领招标文件和有关资料，缴纳投标担保。 ③研究招标文件及招标工程，制定投标策略。 ④组织投标班子，委托投标代理人。 ⑤参加踏勘现场和投标预备会。 ⑥编制、递送投标书。 ⑦接受评标组织就投标文件中不清楚的问题进行的询问，澄清会谈。 ⑧接受中标通知书，签订合同，提供履约担保，分送合同副本。

（续表）

编制投标文件的注意事项	①对招标文件的实质性要求做出响应。包括:投标函、投标报价、施工组织设计、商务和技术偏差表,对工期、质量、安全、环境保护的要求及对投标文件格式、加盖印章和密封的要求。 ②审查施工组织设计。 ③复核或计算工程量。 ④确定正确的投标策略。 ⑤按招标文件要求的格式,将投标文件的各个章节整理成完整的投标书,并按招标文件要求,在需加盖不同印章的部位加盖不同的印章,密封投标文件。

2.电子招标投标

电子招标投标活动	以数据电文的形式,依托电子招标投标系统完成招标投标活动。
电子招标系统的分类（依据功能不同划分）	交易平台、公共服务平台和行政监督平台。
电子投标的注意事项	①电子招标投标交易平台的运营机构,不得在该交易平台进行的招标项目中投标和代理投标。 ②电子招标投标交易平台应当允许社会公众、市场主体免费注册登录和获取依法公开的招标投标信息,任何单位和个人不得在招标投标活动中设置注册登记、投标报名等前置条件限制潜在投标人下载资格预审文件或者招标文件。 ③投标人应当按照招标文件和电子招标投标交易平台的要求编制并加密投标文件。投标人未按规定加密的投标文件,电子招标投标交易平台应当拒收并提示。 ④投标人应当在投标截止时间前完成投标文件的传输递交,并可以补充、修改或者撤回投标文件。投标截止时间前未完成投标文件传输的,视为撤回投标文件。投标截止时间后送达的投标文件,电子招标投标交易平台应当拒收。

真题演练

一、单选题

[2017年] 投标人的下列情况,不应作为废标处理的是（   ）。

A.资产负债率大于招标要求

B.投标报价低于其个别成本

C.投标安全文明施工费低于招标要求

D.投标工期短于招标要求

【答案】D。

二、实务操作与案例分析题

（一）[2019年·节选]

背景资料：

某超高层项目，建筑面积约18万 m²，高度260 m，考虑到超高层施工垂直降效严重的问题，建设单位（国企）将核心筒中四个主要管井内立管的安装，由常规施工方法改为模块化的装配式建造方法，具有一定的技术复杂性，建设单位要求F1~F7层的商业部分提前投入运营，需要提前组织消防验收。

经建设单位同意，施工总承包单位将核心筒管井的机电工程公开招标。管井内的管道主要包括空调冷冻水、冷却水、热水、消火栓及自动喷淋系统。该机电工程招标控制价2 000万元，招标文件中明确要求投标人提交60万元投标保证金。其分包单位中标该工程，并与总承包单位签订了专业分包合同。

问题：

该机电工程可否采用邀请招标方式？说明理由。投标保证金金额是否符合规定？说明理由。

参考答案：

该机电工程可以采用邀请招标方式进行。

理由：国有资金占控股或者主导地位的依法必须进行招标的项目应当公开招标；但是技术复杂、有特殊要求或者受自然环境限制，只有少量潜在投标人可供选择的情形可以邀请招标。

投标保证金金额不符合规定。

理由：招标人在招标文件中要求投标人提交投标保证金的，投标保证金不得超过招标项目估算价的2%。该机电工程招标控制价2 000万元，最多需要提交40万元投标保证金。

（二）[2017年·节选]

背景资料：

某建设单位新建传媒大厦项目，对其中的消防工程公开招标，由于该大厦属于超高层建筑，且其中的变配电房和网络机房消防要求特殊，招标文件对投标单位专业资格提出了详细的要求。招标人于3月1日发出招标文件，定于3月20日开标。

投标单位收到招标文件后，其中有三家单位发现设计图中防火分区划分不合理，提出质疑。招标人经与设计单位确认并修改后，3月10日向提出质疑的三家单位发出了澄清。

3月20日，招标人在专家库中随机抽取了3名技术经济专家和2名业主代表一起组成评标委员会，准备按计划组织开标。被招标监督机构制止，并指出其招标工程过程中的错误，招标人修正错误后进行了开标。

经详细评审，由资格过硬、报价合理、施工方案考虑周详的B单位中标。

问题：

指出招标人在招标过程中的错误。

参考答案：

招标人在招标过程中有三处错误。

错误一：3月10日就单位提出质疑发出澄清，3月20日准备按计划组织开标。

错误二：仅向提出质疑的单位发出澄清。

错误三：招标人在专家库中随机抽取了3名技术经济专家和2名业主代表一起组成了评标委员会。

按照相关规定，招标人对已发出的招标文件进行必要的澄清或者修改的，应当在招标文件要求提交投标文件截止时间至少15 d前，以书面形式通知所有招标文件收受人。按招投标相关规定，技术、经济等方面的专家不得少于成员总数的2/3，所以该评标委员会经济、技术专家人数不得少于5×（2/3），即至少4人。

第二章 机电工程施工合同管理

知识图谱

机电工程施工合同管理
施工分包合同的实施
施工合同变更与索赔

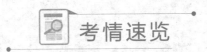考情速览

考点	历年考点分值分布				
	2019年	2018年	2017年	2016年	2015年
机电工程施工合同管理	0	2	1	11	10

考点速记

一、施工分包合同的实施

合同分析	合同分析主要分析合同风险,如签订固定总价合同或垫资合同的风险,从而制定风险对策,分解、落实合同任务。 合同分析的重点内容包括: ①合同的法律基础,承包人的主要责任,工程范围,发包人的责任。 ②合同价格,计价方法和价格补偿条件。 ③工期要求和顺延及其惩罚条款,工程受干扰的法律后果,合同双方的违约责任。 ④合同变更方式,工程验收方法,索赔程序和争执的解决等。
合同交底	①合同管理人员在对合同进行分析后组织分包单位与项目有关人员进行交底。 ②学习合同条文和合同分析结果(熟悉合同中的主要内容、各种规定和管理程序,了解合同双方的合同责任和工作范围、各种行为的法律后果等)。 ③将各项任务和责任分解,落实到具体的部门、人员和合同实施的具体工作上,明确工作要求和目标。
分包单位合同实施过程中的监督工作主要内容	①监督落实合同实施计划。例如:施工现场的安排,人工、材料、机械等计划的落实,工序间搭接关系的安排和其他一些必要的准备工作。 ②协调项目各相关方之间的工作关系,解决合同实施中出现的问题。例如:合同责任界面之间的争执、工作活动之间时间上和空间上的不协调等。 ③对具体实施工作进行指导,做经常性的合同解释,对工程中发现的问题提出意见、建议或警告。
总承包方的合同管理	①总承包方对分包方及分包工程施工进行全过程的管理。 ②总承包方应派代表对分包方进行管理,并对分包工程施工进行有效控制和记录。 ③总承包方按施工合同约定,为分包方的合同履行提供现场平面布置、临时设施、轴线及标高测量等方面的必要服务。 ④总承包方或其主管部门应及时检查、审核分包方提交的分包工程施工组织设计、施工技术方案、质量保证体系和质量保证措施、安全保证体系及措施、施工进度计划、施工进度统计报表、工程款支付申请、隐蔽工程验收报告、竣工交验报告等文件资料,提出审核意见并批复。 ⑤总包方将根据各项安全管理制度的规定,在巡查过程中如发现问题将发出安全整改通知书,分包方必须在规定时限内整改完毕;发出的罚款通知,总包方须说明罚款理由并由分包方全额承担,分包必须在罚款单上签字接受,分包方拒绝签字并不影响罚款单的生效。

（续表）

总承包方的合同管理	⑥分包方对开工、关键工序交验、竣工验收等过程经自行检验合格后，均应事先通知总承包方组织预验收，认可后再由总承包单位报请建设单位组织检查验收。 ⑦若因分包方责任造成重大质量事故或安全事故，或因违章造成重大不良后果的，总承包方可征得发包方同意后，按合同约定建议终止分包合同，并按合同追究其责任。 ⑧分包方如达不到合同约定的环境安全标准化要求，总包方有权责成分包方进行整改，由此造成的一切工期、经济损失由分包方全额承担。 ⑨分包工程竣工验收后，总包方应组织有关部门对分包工程和分包单位进行综合评价。
分包方的合同管理	①分包单位不得再次把工程转包给其他单位。 ②分包方必须遵守总包方各项管理制度，保证分包工程的质量、安全、工期及环境保护，满足总承包合同的要求。 ③分包方按施工组织总设计编制分包工程施工方案，并报总包方审核。 ④分包方按总承包方的要求，编制分包工程的施工进度计划、预算、结算。 ⑤及时向总承包方提供分包工程的计划、统计、技术、质量、安全、环境保护和验收等有关资料。 ⑥分包方应按总承包方的要求和分包工程的特点，建立现场环境安全生产保证体系，严格执行各级政府的法律法规和有关规定，执行总包方对安全和标准化管理的有关规定。分包方如达不到合同约定的环境安全标准化标准，总包方有权责成分包方进行整改，由此造成的一切工期、经济损失由分包方全额承担。 ⑦分包方必须根据施工规范搭设和配置各种安全设施和安全劳防用品，应在建设单位允许的供应商中采购上述物资，且必须加强进场验收和搭设后的使用前验收。 ⑧分包方应识别施工过程中的环境因素和危险源，并采取措施对其进行控制，防止环境污染事件和安全事故的发生。 ⑨发生安全或伤亡事故，分包方应立即通知总包方代表和总包方安监部门，同时按政府有关部门的要求处理，总包方要为排除事故或抢救人员提供帮助。分包方应承担因自身原因造成的财产损失、伤亡事故的责任和由此发生的一切费用。

二、施工合同变更与索赔

1.合同的变更

合同变更的范围	除专用合同条款另有约定外,合同履行过程中发生以下情形的,应进行合同变更: ①增加或减少合同中任何工作,或追加额外的工作。 ②取消合同中任何工作,但转由其他人实施的工作除外。 ③改变合同中任何工作的质量标准或其他特性。 ④改变工程的基线、标高、位置或尺寸等设计特性。
合同变更的形式	①双方会谈后意见达成一致的,签署会谈纪要、备忘录、修正案等变更协议。重大的变更一般采取这种形式。 ②业主或工程师在工程施工中发出各种变更指令。例如:工程变更指令。在实际工程中这种变更较多。
合同变更定价	除专用合同条款另有约定外,合同变更定价的处理规定如下: ①已标价工程量清单或预算书有相同项目的→按照相同项目单价认定。 ②已标价工程量清单或预算书中无相同项目,但有类似项目的→参照类似项目的单价认定。 ③变更导致实际完成的变更工程量与已标价工程量清单或预算书中列明的该项目工程量的变化幅度超过规定的,或已标价工程量清单或预算书中无相同项目及类似项目单价的→按照合理的成本与利润构成的原则,由合同当事人商定或确定变更工作的单价。 ④合同变更定价的程序: 承包人应在收到变更指令后在规定日期内向监理提交变更调价申请→监理在收到承包人提交的变更调价申请后的规定日期内审查完毕,并报送发包人→发包人应在承包人提交变更调价申请后的规定日期内审批完毕。 注:①监理对变更调价申请有异议,通知承包人修改后重新提交。发包人逾期未完成审批或未提出异议的,视为认可承包人提交的变更价申请。②因变更引起的价格调整应计入最近一期的进度款中支付。

2.合同的索赔

合同索赔发生的原因	①合同当事方违约,不履行或未能正确履行合同义务与责任。 ②合同条文错误,如合同条文不全、错误、矛盾,设计图纸、技术规范错误等。 ③合同变更。 ④不可抗力因素,如恶劣气候条件、地震、洪水、战争状态等。

（续表）

索赔的分类	①按索赔目的分：工期索赔和费用索赔。 ②按索赔的有关当事人分：总包方与业主之间的索赔；总包方与分包方之间的索赔；总包方与供货商之间的索赔；总包方向保险公司的索赔。 ③按索赔的业务范围分：施工索赔，指在施工过程中的索赔；商务索赔，指在物资采购、运输过程中的索赔。 ④按索赔处理方法和处理时间不同分：单项索赔和总索赔。 ⑤按索赔发生的原因分：延期索赔、工程范围变更索赔、施工加速索赔和不利现场条件索赔。 ⑥按索赔的合同依据分：合同内索赔、合同外索赔和道义索赔。
索赔成立的条件	应该同时具备以下三个前提条件： ①与合同对照，事件已造成了承包人工程项目成本的额外支出，或直接工期损失。 ②造成费用增加或工期损失的原因，按合同约定不属于承包商的行为责任或风险责任。 ③承包人按合同规定的程序和时间提交索赔意向通知和索赔报告。
承包人可以提起索赔的事件	①发包人违反合同给承包人造成时间、费用的损失。 ②因工程变更造成的时间、费用的损失。 ③由于监理工程师的原因导致施工条件的改变，而造成时间、费用的损失。 ④发包人提出提前完成项目或缩短工期而造成承包人的费用增加。 ⑤非承包人的原因导致项目缺陷的修复所发生的费用。 ⑥非承包人的原因导致工程停工造成的损失，例如：发包人提供的资料有误。 ⑦国家的相关政策法规变化、物价上涨等原因造成的费用损失。
索赔的程序	意向通知→资料准备→索赔报告的编写→索赔报告的提交→索赔报告的评审→索赔谈判→争端的解决。
索赔的计算	①人工费索赔计算方法有三种：实际成本和预算成本比较法、正常施工期与受影响施工期比较法、科学模型计量法。 ②材料费索赔：主要包括因材料用量和材料价格的增加而增加的费用。材料单价提高的因素主要是材料采购费，通常指手续费和关税等；运输费增加可能是运距加长、二次倒运等原因；仓储费增加可能是因为工作延误，使材料储存的时间延长导致费用增加。 ③施工机械费索赔：一般采用公布的行业标准的租赁费率，参考定额标准进行计算。 ④管理费索赔：管理费索赔无法直接计入某具体合同或某项具体工作中，只能按一定比例进行分摊。
承包人的正式索赔文件	索赔申请表、批复的索赔意向书、编制说明及与本项施工索赔有关的证明材料及详细计算资料等附件。 注：整个索赔事件期间应做好索赔证据的同期记录，包括现场照片、录像资料、签字确认的相关文件等。索赔事件发生后，承包人必须在合同约定的时间内提出索赔。

真题演练

一、单选题

[2017年] 施工合同中有关价款的分析内容,除合同和计价方法外,还应包括(　　)。

A.工期要求　　　　　　　　　　　　B.合同变更

C.索赔程序　　　　　　　　　　　　D.价格补偿条件

【答案】D。

二、多选题

[2018年] 工程项目索赔发生的原因中,属于不可抗力因素的有(　　)。

A.台风　　　　　　　　　　　　　　B.物价变化

C.地震　　　　　　　　　　　　　　D.洪水

E.战争

【答案】CDE。

第三章　机电工程施工组织设计

知识图谱

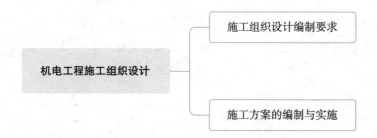

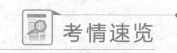

考点	历年考点分值分布				
	2019年	2018年	2017年	2016年	2015年
机电工程施工组织设计	0	2	7	1	0

一、施工组织设计编制要求

1. 施工组织设计的类型（按照编制对象划分）

类型	编制时间	编制内容
施工组织总设计	群体工程开工前编制完成。	以若干单位工程组成的群体工程或特大型项目为主要对象编制，对整个项目的施工过程起统筹规划、重点控制的作用。
单位工程施工组织设计	单位（子单位）工程开工前完成。	以单位（子单位）工程为主要对象编制，对单位（子单位）工程的施工过程起指导和制约作用。
分部（分项）工程施工组织设计	分部（分项）工程开工前完成。	以分部（分项）工程或专项工程为主要对象编制的施工技术与组织方案，用以具体指导施工作业过程。也有称为专项工程施工组织设计或施工方案。
临时用电施工组织设计	临时用电工程开工前编制完成。	施工现场临时用电设备在5台及以上或设备总容量在50 MW及以上者，应编制临时用电施工组织设计。

注：重大施工方案是指技术难度较大或危险性较大的分部分项工程施工方案。

2. 施工组织设计的编制

施工组织设计的编制依据	①与工程建设有关的法律法规和文件。 ②国家现行有关标准和技术经济指标。 ③工程所在地区行政主管部门的批准文件，建设单位对施工的要求。 ④工程施工合同或招标投标文件。 ⑤工程设计文件。 ⑥工程施工范围的现场条件，工程地质及水文地质、气象等自然条件。 ⑦与工程有关的资源供应情况。 ⑧施工企业的生产能力、机具装备、技术水平等。
施工组织设计的基本内容	①工程概况。 ②编制说明。 ③施工部署和施工进度计划及保证措施。 ④施工准备与资源配置计划。 ⑤主要分部分项工程施工工艺。 ⑥施工总平面布置。 ⑦主要施工管理措施。

3.施工组织设计的审批

施工组织总设计	总承包单位负责人审批。 **注**:施工组织设计应由项目负责人主持编制,可根据需要分阶段编制和审批。
单位工程施工设计	施工单位技术负责人或技术负责人授权的技术人员审批。
专项工程施工组织 设计(施工方案)	项目技术负责人审批。
重大施工方案	施工单位技术部门组织相关专家评审,施工单位技术负责人审批。

注:由专业承包单位施工的分部(分项)工程或专项工程的施工方案,应由专业承包单位技术负责人或技术负责人授权的技术人员审批;有总承包单位时,应由总承包单位项目技术负责人核准备案。

规模较大的分部(分项)工程和专项工程的施工方案应按单位工程施工组织设计进行编制和审批。

4.施工组织设计的管理

施工组织设计的交底	施工组织设计(方案)在实施前由主持编制者组织编制人员向项目部所有相关人员和部门、劳务班组进行交底。 交底内容包括工程特点、难点;工程各项目标;施工部署;主要施工工艺及施工方法;进度安排;各项资源配置计划;组织机构设置与分工;质量、安全技术措施;环境保护要求等。
需要修改或补充 施工组织设计的情况	①工程项目或合同内容有较大变动。 ②工程设计有重大修改。 ③主要施工方法有重大调整。 ④有关法律、法规、规范和标准实施、修订和废止。 ⑤主要施工资源配置有重大调整。 ⑥各项管理措施发生重大变化。 ⑦临建面积增加,施工用地扩大。 ⑧施工环境有重大改变。 ⑨各项管理目标发生变化。 **注**:施工组织设计应由原编制人员修订。修订文件应按原程序经审核、批准、核准后按原来的范围发放、上报。施工组织设计应在工程竣工验收后归档。

二、施工方案的编制与实施

专业工程施工方案	指组织专业工程(含多专业配合工程)实施为目的,用于指导专业工程施工全过程各项施工活动需要而编制的工程技术方案。
危大工程安全专项 施工方案	指按照《危险性较大的分部分项工程安全管理规定》(住建部第37号令)和《住房城乡建设部办公厅关于实施〈危险性较大的分部分项工程安全管理规定〉有关问题的通知》(建办质〔2018〕31号)要求针对危大工程编制的安全专项施工方案。

（续表）

施工方案编制原则	①兼顾先进性、经济性和可行性。 ②能突出重点、难点，并制定出可行的施工方法和保障措施。 ③满足工程安全、质量和工期的要求，且施工所需成本低。
施工方案编制依据	工程建设有关的法律法规、标准规范、施工合同、施工组织设计、设计技术文件（如施工图和设计变更）、供货方技术文件（如施工机械性能手册或设备随机资料）、施工环境条件、同类工程施工经验、技术素质及创造能力等。
施工方案编制内容	工程概况、编制依据、施工安排、施工进度计划、施工准备与资源配置计划、施工方法及工艺要求、质量安全保证措施等基本内容。
施工方案编制要点	①工程概况。包括工程主要情况、设计简介和工程施工条件等。 ②施工安排。应确定工序、施工段、工程管理的组织机构和岗位职责以及针对工程的重点和难点简述主要管理和技术措施。 ③施工进度计划。根据要求编制，采用网络图或横道图，并附必要说明。 ④施工准备与资源配置计划。 施工准备包括：技术准备、现场准备和资金准备。 资源配置计划包括：劳动力配置计划、工程材料和设备需用计划、施工机具配置计划和监视及测量设备配置计划。 ⑤施工方法及工艺。 ⑥质量安全保证措施。
危大工程专项施工方案的编制	实行施工总承包的，安全专项施工方案应当由施工总承包单位组织编制。危大工程实行分包的，专项施工方案可以由相关专业分包单位组织编制。
危大工程专项施工方案的内容	①工程概况。 ②编制依据。 ③施工计划。 ④施工工艺技术。 ⑤施工安全保证措施。 ⑥施工管理及作业人员配备和分工。 ⑦验收要求。 ⑧应急处置措施。 ⑨计算书及相关施工图纸。
危大工程安全专项施工方案审核要求	①安全专项施工方案应由施工单位技术部门组织本单位施工技术、安全、质量等部门的专业技术人员进行审核。经审核合格的，应当由施工单位技术负责人签字、加盖单位公章，并由总监理工程师审查签字、加盖执业印章后方可实施。实行施工总承包的，应当由施工总承包单位、相关专业承包单位技术负责人签字后，方可组织实施。 ②对于超过一定规模的危大工程，施工单位应当组织召开专家论证会对专项施工方案进行论证。实行施工总承包的，由施工总承包单位组织召开专家论证会。专家论证前专项施工方案应当通过施工单位审核和总监理工程师审查。

（续表）

危大工程安全专项施工方案审核要求	③专家论证后的审核要求： a.超过一定规模的危大工程专项施工方案经专家论证后结论为"通过"的，施工单位可参考专家意见自行修改完善。 b.结论为"修改后通过"的，施工单位应当按照专家意见进行修改，并履行有关审核和审查手续后方可实施，修改情况应及时告知专家。 c.专项施工方案经论证"不通过"的，施工单位修改后应当重新组织专家论证。
施工方案的比较	①技术的先进性比较：比较各方案的技术水平、技术创新程度、技术效率和各方案实施的安全性。 ②经济合理性比较：比较各方案的一次性投资总额、各方案的资金时间价值、各方案对环境影响的大小、各方案对产值增长的贡献、各方案对工程进度时间及其费用影响的大小和综合性价比。 ③重要性比较：推广应用的价值比较、社会效益的比较等。
施工方案的实施	①工程施工前，施工方案的编制人员应向施工作业人员做施工方案的技术交底。 ②除分部（分项）、专项工程的施工方案需进行技术交底外，新设备、新材料、新技术、新工艺即四新技术以及特殊环境、特种作业等也必须向施工作业人员交底。 ③交底内容包括工程的施工程序和顺序、施工工艺、操作方法、要领、质量控制、安全措施、环境保护措施等。 ④经重大修改或补充的施工方案应重新审批后实施。 ⑤工程施工过程中，应对施工方案的执行情况进行检查、分析，并适时调整。 ⑥施工方案应在工程竣工验收后归档。

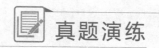

真题演练

多选题

［2018年］比较各施工方案的先进性，应包括的内容有（　　　）。

A.技术水平

B.技术创新程度

C.技术效率

D.实施的安全性

E.实施的地域性

【答案】ABCD。

第四章　机电工程施工资源管理

知识图谱

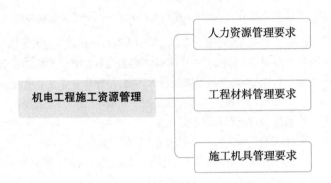

机电工程施工资源管理
- 人力资源管理要求
- 工程材料管理要求
- 施工机具管理要求

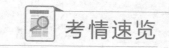

考情速览

考点	历年考点分值分布				
	2019年	2018年	2017年	2016年	2015年
机电工程施工资源管理	0	2	2	5	0

考点速记

一、人力资源管理的要求

1.一般规定

人力资源管理的 基本原则	①系统优化原则。 ②能级对应原则。 ③激励强化原则。 ④弹性冗余原则。 ⑤互补增值原则。 ⑥公平竞争原则。
施工现场项目部的 主要人员配备	①工程项目部负责人：项目经理、项目副经理、项目技术负责人。 **注**：项目经理必须具有机电工程建造师资格。项目技术负责人必须具有规定的机电工程相关专业职称，有从事工程施工技术管理工作经历。 ②项目部技术人员：根据项目大小和具体情况，按分部、分项工程和专业配备。配备满足施工要求经考核或培训合格的技术工人。 ③项目部现场施工管理人员：施工员、材料员、安全员、机械员、劳务员、资料员、质量员、标准员等必须经培训、考试，持证上岗。 **注**：施工现场项目部主要管理人员的配备根据项目大小和具体情况而定，但必须满足工程项目的需要。项目部现场施工管理人员的配备，应根据工程项目的需要。施工员、质量员要根据项目专业情况配备，安全员要根据项目大小配备。

2.特种作业人员

机电工程的 特种作业人员	焊工、起重工、电工、场内运输工（叉车工）、架子工等。
特种作业人员的 资格要求	具备相应工种的安全技术知识；参加国家规定的安全技术理论和实际操作考核并成绩合格，取得特种作业操作证。
特种作业人员的 上岗要求	特种作业人员必须持证上岗。 特种作业操作证每3年进行一次复审。对离开特种作业岗位6个月以上的特种作业人员，上岗前必须重新进行考核，合格后方可上岗作业。 **注**：在独立上岗作业前，必须进行与本工种相适应的、专门的安全技术理论学习和实际操作训练。

（续表）

无损检测人员的要求	无损检测人员的级别分为：Ⅰ级（初级）、Ⅱ级（中级）、Ⅲ级（高级）。其中： ①Ⅰ级人员可进行无损检测操作，记录检测数据，整理检测资料。 ②Ⅱ级人员可编制一般的无损检测程序，并按检测工艺独立进行检测操作，评定检测结果，签发检测报告。 ③Ⅲ级人员可根据标准编制无损检测工艺，审核或签发检测报告，解释检测结果，仲裁Ⅱ级人员对检测结论的技术争议。 ④持证人员只能从事与其资格证级别、方法相对应的无损检测工作。 **注**：从事无损检测的人员，必须经资格考核，取得相应的资格证。
施工企业对特种作业人员的管理	①建立档案机制。 ②应根据施工组织设计和施工方案，配置特种作业人员的工种和数量，并体现在劳动力计划中。 ③用人单位应当聘（雇）用取得《特种作业人员证》《特种设备作业人员证》的人员，从事相关工作并其进行严格管理。 ④特种设备作业人员作业时应当随身携带证件，并自觉接受监督检查。 ⑤特种设备作业人员应积极参加安全教育和安全技术培训，严格执行操作规程和有关安全规章制度，遵守规定，发现隐患及时处置或者报告。

3. 施工现场劳动力动态管理

人力资源动态管理的基本原则	①以进度计划和合同为依据，满足工程需要。 ②应允许人力资源在企业内作充分的合理流动。 ③应以动态平衡和日常调度为手段。 ④应以达到人力资源优化组合，充分调动积极性为目的。
建筑工人现场实名制管理	建筑工人实名制信息由基本信息、从业信息、诚信信息等内容组成。 ①基本信息应包括建筑工人和项目管理人员的身份证信息、文化程度、工种（专业）、技能（职称或岗位证书）等级和基本安全培训等信息。 ②从业信息应包括工作岗位、劳动合同签订、考勤、工资支付和从业记录等信息。 ③诚信信息应包括诚信评价、举报投诉、良好及不良行为记录等信息。

二、工程材料管理的要求

材料管理责任制	施工项目经理是现场材料管理的全面领导责任者，施工项目部主管材料人员是施工现场材料管理直接责任人。
材料进场验收要求	①在材料进场时必须根据进料计划、送料凭证、质量保证书或产品合格证，进行材料的数量和质量验收。 ②验收工作按质量验收规范和计量检测规定进行。 ③验收内容包括材料品种、规格、型号、质量、数量、证件等。 ④验收要做好记录、办理验收手续；要求复检的材料应有取样送检证明报告；对不符合计划要求或质量不合格的材料应拒绝接收。

（续表）

材料储存与保管要求	①库房有专人管理，明确责任。 ②进库的材料要建立台账. ③现场的材料必须防火、防盗、防雨、防变质、防损坏。 **注**：施工现场材料的放置要按平面布置图实施，做到标识清楚、摆放有序、合理堆放；对于易燃、易爆、有毒、有害危险品要有专门库房存放，制定安全操作规程并详细说明该物质的性质、使用注意事项、可能发生的伤害及应采取的救护措施，严格出、入库管理；要日清、月结、定期盘点、账物相符。

三、施工机具管理要求

施工机具选择的基本原则	①施工机具的类型需满足机械设备供应计划和施工方案的需要。 ②施工机具的主要性能参数，要能满足工程需要和保证质量要求。 ③施工机具的操作性能，要适合工程的具体特点和使用场所的环境条件。 ④能兼顾施工企业近几年的技术进步和市场拓展的需要。 ⑤尽可能选择操作上安全、简单、可靠，品牌优良且同类设备同一型号的产品。 ⑥综合考虑机械设备的选择特性。如果有多种机械的技术性能可以满足施工要求，还应综合考虑： a.各种机械的工作效率、工作质量、使用费和维修费、能源耗费量。 b.占用的操作人员和辅助工作人员。 c.安全性，稳定性，运输、安装、拆卸及操作的难易程度，灵活性。 d.在同一现场服务项目的多少，机械的完好性，维修难易程度。 e.对气候条件的适应性，对环境保护的影响程度等特性进行综合考虑。
施工机具管理的要求	①建立每台施工装备的档案，主要内容应包括购置时间、使用记录、事故及维修记录、装备现状鉴定记录等。 ②施工机具的使用应贯彻"人机固定"原则，实行定机、定人、定岗位责任的"三定"制度。执行重要施工机械设备专机专人负责制、机长负责制和操作人员持证上岗制。 ③严格执行施工机械设备操作规程与保养规程，制止违章指挥、违章作业，防止机械设备带病运转和超负荷运转。 ④建立施工装备使用、保养台账及奖罚制度。
施工机械设备操作人员的要求	①严格按照操作规程作业，搞好设备日常维护，保证机械设备安全运行。 ②特种作业严格执行持证上岗制度并审查证件的有效性和作业范围。 ③逐步达到本级别"四懂三会"。 **注**：四懂指懂性能、懂原理、懂结构、懂用途；三会指会操作、会保养、会排除故障。 ④做好机械设备运行记录，填写项目真实、齐全、准确。

多选题

1. [2018年] 国家安全生产监督机构规定的特种作业人员有（　　）。

A. 焊工　　　　　　　　　　　　B. 司炉工

C. 电工　　　　　　　　　　　　D. 水处理工

E. 起重工

【答案】ACE。

2. [2017年] 在工程项目施工中，施工机具的选择要求有（　　）。

A. 满足施工方案的需要　　　　　　B. 适合工程的具体特点

C. 保证施工质量的要求　　　　　　D. 小型设备超负荷运转

E. 兼顾市场拓展的需要

【答案】ABCE。

第五章　机电工程施工技术管理

知识图谱

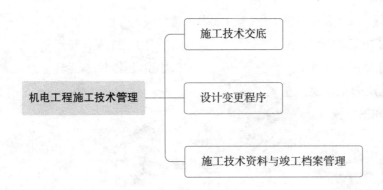

 考情速览

考点	历年考点分值分布				
	2019年	2018年	2017年	2016年	2015年
机电工程施工技术管理	1	5	7	10	5

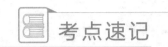
考点速记

一、施工技术交底

施工技术交底的依据	①项目质量策划。 ②施工组织设计。 ③专项施工方案。 ④施工图纸。 ⑤施工工艺及质量标准等。
施工技术交底的类型	①设计交底。 ②项目总体交底。 ③单位工程技术交底（或专业交底）。 ④分部分项工程技术交底。 ⑤变更交底。 ⑥安全技术交底。
施工技术交底的责任人	重大工程和公司重点监控项目技术交底→分（子）公司技术质量副经理负责组织。 一般项目技术交底→项目部技术负责人组织。 单位工程技术交底→项目技术负责人组织。 分部分项工程技术交底→专业技术负责人或施工员组织。 专项方案（危大和超危大工程）→编制人员或者项目技术负责人向施工现场管理人员进行方案交底。 特种设备→项目质量保证工程师组织。 **注**：应在工程开工前界定哪些项目的技术交底是重要的，对于重要的技术交底，其交底内容编制完成后应由项目技术负责人审核或批准。
施工技术交底注意事项	①施工人员应按交底要求施工，不得擅自变更施工方法和质量标准。 ②施工中发生质量、设备或人身安全事故时，责任如下： 交底错误导致→由交底人负责。 违反交底要求者→由施工负责人和施工人员负责。 违反施工人员"应知应会"要求者→由施工人员本人负责。 无证上岗或越岗参与施工者→除本人应负责任外，班组长和班组专职工程师（专职技术员）亦应负责。

二、设计变更程序

1.施工单位提出设计变更申请

注：监理工程师或总监理工程师主要审核技术是否可行、施工难易程度和工期是否增减，请造价工程师

核算造价影响之后再报建设单位审批。

2.建设单位提出设计变更申请

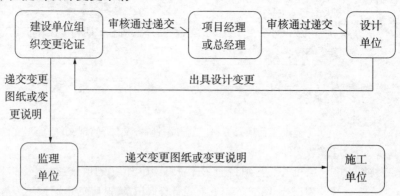

注:参与论证的有总监理工程师以及造价工程师。

3.设计单位提出设计变更申请

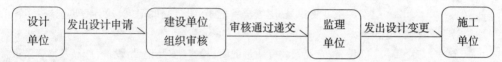

注:设计发出设计变更后,建设单位组织总监理工程师、造价工程师论证。

设计变更注意事项	①设计变更具体实施应按照合同条件和相关方工作制度、参照现行的《建设工程施工合同(示范文本)》以及《中华人民共和国标准施工招标文件》规定执行。 ②施工单位应随时收集与工程项目有关的要求变更的信息,包括:法律和法规要求、施工合同及本企业要求的变化。必要时,应修改相应的项目质量管理文件。 ③工程变更确定后14 d内施工单位应提出变更工程价款的报告,经监理工程师、建设单位工程师确认后,根据合同条件调整合同价款。 ④设计变更应按照变更后的图纸由施工单位实施,监理工程师签署实施意见。 ⑤各单位对设计图纸的合理修改意见,应在设计交底或施工图会审中或施工之前提出。在施工试车或验收过程中,只要不影响生产,一般不再接受变更要求。 ⑥原设计不能保证工程质量要求,设计有遗漏、错误或现场无法展开施工,此类变更应批准。 ⑦未经许可,施工单位不得擅自变更;未经建设单位同意的变更,为无效变更,施工单位不得执行;不合规的变更指令,施工单位不应接受并说明理由。
重大设计变更范围	重大设计变更是指变更对项目实施总工期和里程碑产生影响,或改变工程质量标准、整体设计功能,或增加的费用超出批准的基础设计概算,或增加原批准概算中没有列入的单项工程,或工艺方案变化、扩大设计规模、增加主要工艺设备等改变基础设计范围等因提出的设计变更。重大设计变更应按照有关规定办理审批手续。

（续表）

一般设计变更范围	一般设计变更是指在不违背批准的基础设计文件的前提下，发生的局部改进、完善。 一般设计变更不改变工艺流程，不会对总工期和里程碑产生影响，对工程投资影响较小。

三、施工技术资料与竣工档案管理

建设工程项目资料	①建设工程项目资料：工程准备阶段文件、监理文件、施工文件、竣工图与竣工验收文件。 ②机电工程项目施工技术资料：施工组织设计、施工方案及专项施工方案、技术交底记录、图纸会审记录、设计交底记录、设计变更文件、工程洽商记录、技术联系（通知单）等。
机电工程项目归档的竣工档案主要内容	①一般施工记录：施工组织设计、（专项）施工方案、技术交底、施工日志。 ②图纸变更记录：图纸会审记录、设计交底记录、设计变更记录、工程洽商记录。 ③设备、产品及物资质量证明、检查、安装记录：设备、产品及物资质量合格证、质量保证书、检测报告等；设备装箱单、商检证明和说明书、开箱报告；设备安装记录；设备试运行记录；设备明细表。 ④预检、复检、复测记录。 ⑤各种施工记录：隐蔽工程检查验收记录、施工检查记录、交接检查记录等。 ⑥施工试验、检测记录：电气接地电阻、绝缘电阻等测试记录以及试运行记录等。 ⑦质量事故处理记录。 ⑧施工质量验收记录：检验批质量验收记录、分项工程质量验收记录、分部(子分部)工程质量验收记录、单位工程验收记录等。 ⑨其他需要向建设单位移交的有关文件和实物照片及音像、光盘等。
竣工文件绘制要求	①工程文件应采用碳素墨水、蓝黑墨水等耐久性强的书写材料，不得使用红色墨水、纯蓝墨水、圆珠笔、复写纸、铅笔等易褪色的书写材料。计算机输出文字和图件应使用激光打印机，不应使用色带式打印机、水性墨打印机和热敏打印机。 ②字迹清楚，图样清晰，图表整洁，签字盖章手续完备。工程文件中文字材料幅面尺寸规格宜为 A4 幅面(297mm × 210mm)，图纸宜采用国家标准图幅。 ③图纸一般采用晒蓝图，竣工图应是新蓝图。计算机出图必须清晰，不得使用计算机出图的复印件。 **注**：竣工文件由施工单位负责编制，监理负责审核。

（续表）

竣工图编制要求	①按施工图施工没有变动的，由施工单位在施工图上加盖竣工图章，并由施工单位、监理单位有关人员进行签署。 ②一般性图纸变更及符合杠改或划改要求的变更，可在原图上更改，加盖竣工图章并按要求进行签署。 ③凡施工图结构、工艺、平面布置等有重大改变，或变更部分超过图面1/3的，应重新绘制竣工图。重新绘制的竣工图应经施工、设计、业主或监理等单位与工程实际核准、确认组卷。
竣工图的更改要求	①利用施工图原图更改的，应在更改处加盖竣工图核定章，注明更改依据文件的名称、日期、编号和条款号。 ②新增加的文字说明，应在其涉及的竣工图上做相应的添加和变更。
竣工图章使用	所有竣工图应由施工单位逐张加盖竣工图章。竣工图章中的内容填写、签字应齐全、清楚，不应代签。竣工图章应使用不易褪色的印泥，盖在图标栏上方空白处。
竣工档案的移交	①机电工程项目竣工档案一般不少于两套，一套由建设单位保管，一套（原件）移交当地城建档案管理机构（列入城建档案管理机构接收范围的工程）。 ②施工单位向建设单位移交工程档案资料时，应编制《工程档案资料移交清单》，双方按清单查阅清点。移交清单一式两份，移交后双方应在移交清单上签字盖章，双方各保存一份存档备查。 ③设计、施工及监理单位需向本单位归档的文件，应按国家有关规定和企业管理要求立卷归档。

真题演练

一、多选题

［2017年］关于工程竣工档案编制及移交的要求，正确的有（　　）。

A.项目竣工档案一般不少于两套

B.档案资料原件由建设单位保管

C.应编制工程档案资料移交清单

D.双方应在移交清单上签字盖章

E.档案资料移交清单需一式三份

【答案】ACD。

二、实务操作与案例分析

（一）[2018年·节选]

背景资料：

施工中建设单位增加了几台小功率排污泵，向项目部下达施工指令，项目部以无设计变更为由拒绝执行。

问题：

建设单位增加排污泵，项目部拒绝执行是否正确？指出设计变更的程序。

参考答案：

建设单位增加排污泵，项目部拒绝执行是正确的。

正确的设计变更程序：

①建设单位工程师组织变更论证，总监理工程师论证变更是否技术可行、施工难易程度和对工期的影响程度，造价工程师论证变更对造价影响程度。

②建设单位工程师将论证结果报项目经理或总经理同意后，通知设计单位工程师，设计单位工程师认可变更方案，进行设计变更，出变更图纸或变更说明。

③变更图纸或变更说明由建设单位发至监理工程师，监理工程师发至施工单位。

（二）[2017年·节选]

背景资料：

安装公司项目部重视施工技术交底工作，在各工程开工前，技术人员对施工人员进行了施工技术交底。在油浸式电力变压器安装时，由于变压器附件到货晚，导致整体工期滞后，安装公司项目部协调5名施工人员到该项目支援工作，作业班长考虑到他们熟悉变压器安装且经验丰富，未通知技术人员进行交底。立即安排参加变压器的安装工作。

问题：

作业班长做法是否正确？写出施工技术交底的类型。

参考答案：

作业班长的做法不正确。项目施工前，施工单位技术人员必须向施工人员进行施工技术交底。未经技术交底不得施工。

施工技术交底有以下类型：①设计交底；②项目总体交底；③单位工程技术交底（或专业交底）；④分部分项工程技术交底；⑤变更交底；⑥安全技术交底。

第六章 机电工程施工进度管理

知识图谱

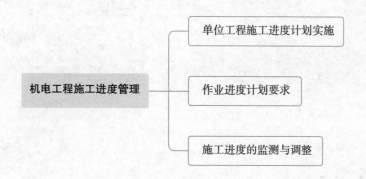

机电工程施工进度管理
- 单位工程施工进度计划实施
- 作业进度计划要求
- 施工进度的监测与调整

 考情速览

考点	历年考点分值分布				
	2019年	2018年	2017年	2016年	2015年
机电工程施工进度管理	11	10	5	0	0

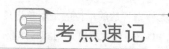 考点速记

一、单位工程施工进度计划实施

确定各项工程开竣工时间与相互搭接协调关系应考虑的因素	①保证工作重点、兼顾一般,优先安排工程量大的工艺生产主线。 ②满足连续均衡施工要求,使资源得到充分的利用,提高生产率和经济效益。 ③留出一些后备工程,以便在施工过程中作为平衡调剂使用。 ④考虑各种不利条件的限制和影响,为缓解或消除不利影响做准备。 ⑤考虑业主的配合及当地政府有关部门的影响等。
单位工程施工进度计划的交底内容	①施工进度控制重点(关键线路、关键工作)。 ②施工用人力资源和物资供应保障情况。 ③各专业队组(含分包方的)分工和衔接关系及时间点。 ④安全技术措施要领。 ⑤单位工程质量目标。 **注**:①参加交底的人员:项目负责人、计划人员、调度人员、作业班组人员以及相关的物资供应、安全、质量管理人员。②为保证进度计划顺利实施,可采取经济措施和组织措施等,如订立承包责任书、关键工作多班作业等。
施工生产要素的动态管理	施工进度计划进入实施阶段时,各类计划中非预期的问题暴露出来,对施工生产要素的调动增多,因此,要进行动态管理工作。 生产要素调度有正常调度和应急调度两种。 ①正常调度:按预期方案进行,将要素对各专业合理分配。 ②应急调度:发现偏差先兆或已发生偏差,对生产要素分配进行调整。

二、作业进度计划要求

施工作业进度计划的编制要求	①根据单位工程施工进度计划编制施工作业进度计划。 ②总包单位将工程进度总目标分解到每个分包单位,分包单位按计划工期进一步分解。 ③作业进度计划可按分项工程或工序为单元进行编制,编制施工作业进度计划前应对施工现场条件、作业面现状、人力资源配备、物资供应情况等做充分了解,并对执行中可能遇到的问题及其解决的途径提出对策。 ④宜用横道图进度计划表达作业进度计划。 ⑤各专业施工作业进度计划的工作起、止时间要符合单位工程施工进度计划的安排,若有差异,在作业进度计划编制说明中应做出解释。 ⑥作业进度计划应具体体现施工顺序安排的合理性。

（续表）

施工作业进度计划的编制要求	⑦作业进度计划表达的单位应是形象进度的实物工程量。作业进度计划分为月作业进度计划、旬（周）作业进度计划和日作业进度计划。 ⑧作业进度计划应由施工员或项目工程师在上一期进度计划执行期末经检查执行情况和充分了解作业条件后，再编制下一期作业进度计划。
施工作业进度计划的实施	①编织者向作业人员进行交底。 **注**：除口头交底还应对作业班组要下达计划任务书，对作业班组要签订施工任务书，实行经济责任承包。 ②对进度计划的实施进行检查，发现偏差及时纠正。 ③依据计划跟踪检查，检查内容包括：关键工作进度、时差利用和工作衔接关系的变动情况、资源状况、成本状况、管理情况等。 ④根据分析偏差产生的原因，进行调整，制定新的计划并进行控制。 ⑤作业进度计划执行至期末，应对实施中的情况进行回顾，并了解施工条件的变化和各类生产要素供给情况，以利于下一期作业进度计划的编制。

三、施工进度的监测与调整

施工进度计划调整的方法	①改善某些工作的衔接关系。 ②缩短某些工作的持续时间。
施工进度计划调整的内容	施工内容、工程量、起止时间、持续时间、工作关系、资源供应等。
施工进度计划的调整原则	①在关键工作、后续工作的限制条件以及总工期允许变化的范围进行调整。 ②调整对象必须是关键工作，并且该工作有压缩的潜力，同时与其他可压缩的工作相比赶工费是最低的。
施工进度计划的调整步骤	分析进度计划检查结果，确定调整对象和目标→选择适当调整方法→编制调整方案→对调整方案评价和决策→确定调整后实施的新施工进度计划→施工进度调整之后，应采取相应措施实施。
施工进度计划控制的组织措施	①确定机电工程施工进度目标，建立进度目标控制体系；明确工程现场进度控制人员及其分工；落实各层次的进度控制人员的任务和责任。 ②建立工程进度报告制度，建立进度信息沟通网络，实施进度计划的检查分析制度。 ③建立施工进度协调会议制度，包括协调会议举行的时间、地点、参加人员等。 ④建立机电工程图纸会审、工程变更和设计变更管理制度。

（续表）

施工进度计划控制的合同措施	①施工前与各分包单位签订施工合同,规定完工日期及不能按期完成的惩罚措施等。 ②合同中要有专款专用条款,防止因资金问题而影响施工进度,充分保障劳动力、施工机具、设备、材料及时进场。 ③严格控制合同变更,对各方提出的工程变更和设计变更,应严格审查后再补入合同文件之中。 ④在合同中应充分考虑风险因素及其对进度的影响,以及相应的处理方法。 ⑤协调合同工期与进度计划之间的关系,保证进度目标的实现。 ⑥加强索赔管理,公正地处理索赔。
施工进度计划控制的经济措施	①在工程预算中考虑加快施工进度所需的资金,编制资金需求计划,满足资金供给,保证施工进度目标所需的工程费用等。 ②施工中及时办理工程预付款及工程进度款支付手续。 ③对应急赶工给予优厚的赶工费用,对工期提前给予奖励,对工程延误收取误期损失赔偿金。
施工进度计划控制的技术措施	①为实现计划进度目标,优化施工方案,分析改变施工技术、施工方法和施工机械的可能性。 ②审查分包单位提交的进度计划,使分包单位能在满足总进度计划的状态下施工。 ③编制施工进度控制工作细则,指导项目部人员实施进度控制。 ④采用网络计划技术及其他适用的计划方法,并结合计算机的应用,对机电工程进度实施动态控制。 ⑤施工前应加强图纸审查,严格控制随意变更。

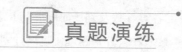

真题演练

实务操作与案例分析题

（一）[2019年·节选]

背景资料:

某建设项目由A公司施工总承包;A公司征得业主同意,把变电所及照明工程分包给B公司。分包合同约定:电力变压器、配电柜等设备由A公司采购:灯具、开关、插座、管材和电线电缆等由B公司采购。

B公司项目部进场后,按公司的施工资源现状,编制了变电所及照明工程施工作业进度计划(见下表),工期需150天,在审批时被A公司否定,要求增加施工人员,优化变电所及照明工程作业进度计划,缩短工期。B公司项目部按A公司要求,在工作持续时间不变的情况下,将照明线管施工的开始时间提前到3月1日,变电所和照明工程平行施工。

序号	工作内容	持续时间	3月			4月			5月			6月			7月		
			1	11	21	1	11	21	1	11	21	1	11	21	1	11	21
1	变电所施工验收送电	70 d	▬	▬	▬	▬	▬	▬	▬								
2	照明线管施工	30 d							▬	▬	▬						
3	照明线管穿线	30 d									▬	▬	▬				
4	灯具安装	30 d											▬	▬	▬		
5	开关插座安装	30 d												▬	▬	▬	
6	通电试灯	10 d															▬	
7	试运行验收	10 d																▬

问题:

1.B公司项目部编制的施工作业进度计划表为什么被A公司否定?优化后的进度计划工期缩短为多少天?

2.B公司项目部在编制施工作业进度计划前,应充分了解哪些内容?

参考答案:

1.B公司项目部编制的施工作业进度计划表被A公司否定的原因:未充分考虑工作间的衔接关系和符合工艺规律的逻辑关系。

优化后的变电所及照明工程施工作业进度计划工期缩短为90 d。

2.B公司项目部在编制施工作业进度计划前应对施工现场条件、作业面现状、人力资源配备、物资供应情况等做充分了解,并对执行中可能遇到的问题及其解决的途径提出对策。

(二)[2018年·节选]

背景资料:

A安装公司进场后,因建设单位采购的设备晚于风管制作安装的开工时间,A安装公司及时联络空调设备供应商,了解设备的各类参数及到场时间并与B建筑公司协调交叉配合施工的时间与节点,编制了施工进度计划表(见下表),并根据施工进度计划,制定了能体现合理施工顺序的作业进度计划。为保证安装质量,A安装公司将冷水机组找正等施工工序设置为质量控制点。

日期　　施工内容	3月			4月			5月			6月		
	1	11	21	1	11	21	1	11	21	1	11	21
施工准备	▬											
机房设备安装				▬	▬	▬	▬	▬	▬			
空调风管制作安装		▬	▬	▬	▬	▬	▬	▬				
空调水管制作安装			▬	▬	▬	▬	▬	▬				
楼层风机盘管安装				▬	▬	▬	▬	▬	▬			
单机试运转调试										▬		
联合试运转调试											▬	▬

问题:

进度计划中空调机房设备安装开始时间晚于水管制作安装多少天?制定作业进度计划时,怎样体现施工基本顺序要求的合理性?

参考答案:

进度计划中空调机房设备安装开始时间晚于水管制作安装10 d。

制定作业进度计划体现施工顺序安排的合理性的基本要求:满足先地下后地上、先深后浅、先干线后支线、先大件后小件等。

(三)[2018年·节选]

背景资料:

建设单位通过招标与施工单位签署了某工业项目的施工合同,主要工作内容包含设备基础、钢架基础、设备钢架制作安装、工艺设备、工艺管道、电气和仪表设备安装等。开工前施工单位按照合同约定向建设单位提交了施工进度计划(如下图所示)。

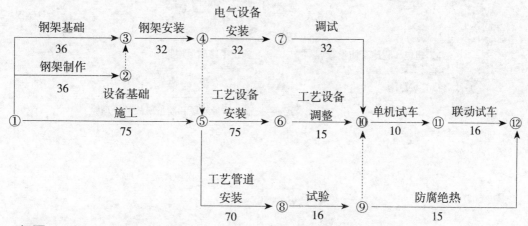

问题:

用节点代号表示施工进度计划的关键线路,该施工进度计划的总工期是多少?

参考答案:

关键线路:①→⑤→⑥→⑩→⑪→⑫。

总工期=75+75+15+16+10=191(d)。

第七章　机电工程施工质量管理

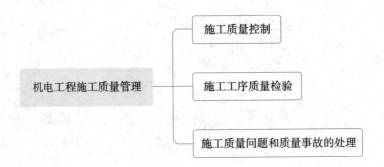

 考情速览

考点	历年考点分值分布				
	2019年	2018年	2017年	2016年	2015年
机电工程施工质量管理	1	10	5	10	5

 考点速记

一、施工质量预控

机电工程施工事前质量控制的主要内容	对投入参与施工项目的人、机、料、法、环和资源条件的控制。具体包括： ①施工机具、检测器具质量控制。 ②工程设备材料、半成品及构件质量控制。 ③质量保证体系、施工人员资格审查、操作人员培训等管理控制。 ④质量控制系统组织的控制。 ⑤施工方案、施工计划、施工方法、检验方法审查的控制。 ⑥工程技术环境监督检查的控制。 ⑦新工艺、新技术、新材料审查把关控制等。 ⑧严格控制图纸会审及技术交底的质量、施工组织设计交底的质量、分项工程技术交底的质量。
机电工程施工事中质量控制的主要内容	对所有的与工程最终质量有关的各个环节进行质量控制。具体包括： ①施工过程质量控制。包括工序控制(一般工序控制和特殊工序控制)；工序之间的交接检查的控制；隐蔽工程质量控制；调试和检测、试验等过程控制。 ②设备监造控制：指大型特殊的设备必须派人到工厂监造。 ③中间产品控制。 ④分项、分部工程质量验收或评定的控制。 ⑤设计变更、图纸修改、工程洽商等施工变更的审查控制。
机电工程施工事后质量控制的主要内容	对已完工工程项目的质量检验验收控制，具体包括： ①竣工质量检验控制。包括联动试车及运行，验收文件审核签认，竣工总验收、总交工。 ②工程质量评定。包括单位工程、单项工程、整个项目的质量评定。 ③工程质量文件审核与建档。 ④回访和保修。
机电工程项目的施工质量策划	①确定质量目标。 ②建立组织机构。 ③明确各方岗位职责。 ④建立质量保证体系和控制程序。 ⑤编制施工组织设计(施工方案)与质量计划。 ⑥机电综合管线设计的策划。
机电工程质量预控的基本内容	①质量计划预控与施工组织设计(施工方案)预控。质量计划预控依据质量体系运行的管理方法，明确相关职责、管理要求及控制措施等的控制。施工组织设计(施工方案)预控是依据施工组织设计(施工方案)用以指导施工过程的质量管理和控制活动。

（续表）

机电工程质量预控的基本内容	②施工准备预控。施工准备包括：项目管理人员准备、劳动力组织准备、施工现场准备、物资准备、技术准备等内容。 ③施工生产要素预控。施工生产要素主要是指人员选用、材料使用、操作机具、检验器具、操作工艺、施工环境。
质量控制点的确定原则	①施工过程中的关键工序或环节，如电气装置的高压电器和电力变压器、钢结构的梁柱板节点、关键设备的设备基础、压力试验、垫铁敷设等。 ②工序的关键质量特性，如焊缝的无损检测，设备安装的水平度和垂直度偏差等。 ③施工中的薄弱环节或质量不稳定的工序，如焊条烘干、坡口处理等。 ④质量特性的关键因素，如管道安装的坡度、平行度的关键因素是施工人员，冬季焊接施工的焊接质量关键因素是环境温度等。 ⑤对后续工程（后续工序）施工质量或安全有重大影响的工序、部位或对象。 ⑥隐蔽工程。 ⑦采用新工艺、新技术、新材料的部位或环节。
质量控制点的划分	根据各控制点对工程质量的影响程度，分为A、B、C三级。 ①A级控制点：影响装置、设备的安全运行、使用功能或运行后出现质量问题时，必须停车才可处理或合同协议有特殊要求的质量控制点，必须由施工、监理和业主三方质检人员共同检查确认并签证。 ②B级控制点：影响下道工序质量的质量控制点，由施工、监理双方质检人员共同检查确认并签证。 ③C级控制点：对工程质量影响较小或开车后出现问题可随时处理的次要质量控制点，由施工方质检人员自行检查确认。
机电工程质量保证措施	①建立健全工程质量保证体系和各项《质量管理制度》。 ②严格执行有关施工与验收规范、规程、技术法规等。 ③接受各级质量监督检查部门的监督指导。 ④关键工序编制作业指导书。 ⑤强化质量意识，严格工序控制，按照施工图纸施工，认真贯彻落实施工组织设计、施工方案、技术交底及工艺标准等技术文件。 ⑥各级质量检查员到岗到位，及时纠正、指导，及时发现质量问题或质量隐患，重要工序坚持旁站式管理。项目经理带队定期或不定期组织项目质量联合检查，检查后及时召开质量分析会，指出质量隐患、问题，分析原因，明确措施，增强质量意识。对工程质量好的进行奖励，对质量差的进行处罚，并限期整改。 ⑦施工中所用的设备、材料、成品、半成品要严格质量控制，按要求进行质量检验、复试，合格后方可使用。 ⑧在施工全过程中坚持自检、互检并加强过程检查，对不合格品进行整改，对重复发生或关键的质量问题制定纠正措施，制定预防措施以免再次发生。 ⑨隐蔽工程在隐蔽前进行专门的质量检查，未达到合格标准不得进行下一道施工工序。 ⑩各项安装记录、检验记录、评定报告要随工程进度按实际情况填写。

二、施工工序质量检验

检验试验计划（卡）	①是施工过程中质量检验的指导性文件，是施工和质量检验人员执行检验和试验操作的依据。属于质量计划（或施工方案）中的内容。 ②检验试验计划（卡）中明确给出工序质量检验一般包括的内容，如标准、度量、比较、判定处理和记录等。
检验试验计划（卡）的编制依据	设计图纸、施工质量验收规范、合同规定内容。
检验试验计划（卡）的主要内容	检验试验项目名称；质量要求；检验方法（专检、自检、目测、检验设备名称和精度等）；检测部位；检验记录名称或编号；何时进行检验；责任人；执行标准。
现场质量检查的内容	开工前的检查；工序交接检查；隐蔽工程的检查；停工后复工的检查；分项、分部工程完工后检查；成品保护的检查。
工程项目质量检验的三检制	①自检：操作人员对自己的施工作业或已完成的分项工程进行自我检验，实施自我控制、自我把关，及时消除异常因素，以防止不合格品进入下道作业。 ②互检：操作人员之间对所完成的作业或分项工程进行的相互检查，是对自检的一种复核和确认，起到相互监督的作用。互检的形式可以是同组操作人员之间的相互检验，也可以是班组的质量检查员对本班组操作人员的抽检，同时也可以是下道作业对上道作业的交接检验。 ③专检：质量检验员对分部工程施工班组完成的作业或分项工程进行检验，用以弥补自检、互检的不足。 **注**：一般情况下，原材料、半成品、成品的检验以专职检验人员为主，生产过程的各项作业的检验则以施工现场操作人员的自检、互检为主，专职检验人员巡回抽检为辅。成品的质量必须进行终检认证。
现场质量检查的方法	目测法、实测法、试验法。

三、施工质量问题和质量事故的处理

工程质量事故的分类和处理	①质量不合格：不符合《质量管理体系基础和术语》的规定，没有满足某个预期使用要求或合理的期望（包括安全性方面）要求，为质量缺陷。 ②质量问题：包括质量缺陷、质量不合格和质量事故等。凡是工程质量不合格，必须进行返修、加固或报废处理，造成直接经济损失不大的，为质量问题，由企业自行处理。 ③质量事故：凡是工程质量不合格，必须进行返修、加固或报废处理，造成直接经济损失较大的为质量事故。 **注**：质量事故是质量问题的特殊情况，是指由于建设、勘察、设计、施工、监理等单位违反工程质量有关法律法规和工程建设标准，使工程产生结构安全、重要使用功能等方面的质量缺陷，造成人身伤亡或者重大经济损失的事故。

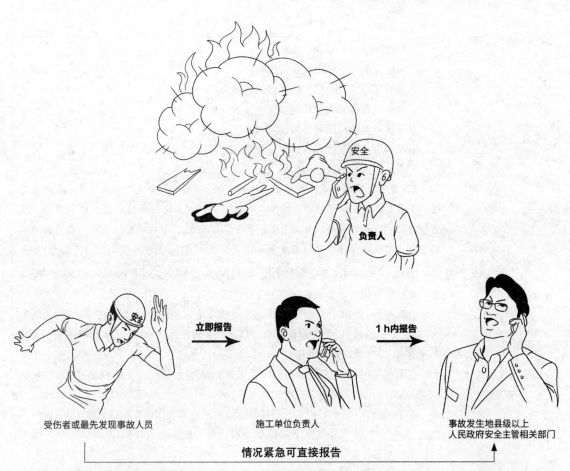

受伤者或最先发现事故人员　　　　立即报告　　　　施工单位负责人　　　　1 h内报告　　　　事故发生地县级以上
人民政府安全主管相关部门

情况紧急可直接报告

注:质量问题出现后,要做好现场保护,如焊缝裂纹,不要急于返修,要等到处理结论批准后再处理。对于那些可能会进一步扩大,甚至会发生人、财、物损伤的质量问题,要及时采取应急保护措施。

工程质量事故的分级	共分四级:特别重大事故、重大事故、较大事故、一般事故。
质量事故的报告	施工现场发生质量事故时,施工负责人(项目经理)应按规定时间和程序,及时向企业报告事故状况。 报告内容: ①质量事故发生的时间、地点、工程项目名称及工程的概况。 ②质量事故状况的描述。 ③质量事故现场勘察笔录、证物照片、录像、证据资料、调查笔录等。 ④质量事故的发展变化情况等。

（续表）

事故调查报告的内容	①事故项目及各参建单位概况。 ②事故发生经过和事故救援情况。 ③事故造成的人员伤亡和直接经济损失。 ④事故项目有关质量检测报告和技术分析报告。 ⑤事故发生的原因和事故性质。 ⑥事故责任的认定和事故责任者的处理建议。 ⑦事故防范和整改措施。 **注**：由项目技术负责人为首组建调查小组，参加人员应是与事故直接相关的专业技术人员、质检员和有经验的技术工人等。调查内容包括现场调查和收集资料。质量事故调查分析后应整理撰写"质量事故调查报告"。事故调查报告应当附具有关证据材料。事故调查组成员应当在事故调查报告上签名。
质量事故的处理方式	①返工处理：当工程质量缺陷经过修补处理后不能满足规定的质量标准要求，或不具备补救可能性则必须采取返工处理。 ②返修处理：对于工程某些部分的质量虽未达到规定的规范、标准或设计的要求，存在一定的缺陷，但经过修补后可以达到要求的质量标准，又不影响使用功能或外观的要求，可采取返修处理。 ③限制使用：当工程质量缺陷按返修方法处理后，无法保证达到规定的使用要求和安全要求，而又无法返工处理的情况下，可按限制使用处理。 ④不做处理：对于某些工程质量问题虽然达不到规定的要求或标准，但其情况不严重，对工程的使用和安全影响很小，经过分析、论证和设计单位认可后，可不做专门处理。 ⑤报废处理：当采取上述办法后，仍不能满足规定的要求或标准，则必须按报废处理。

真题演练

一、单选题

［2019年］工程质量事故发生后，施工现场有关人员可直接向主管部门报告，报告内容中不包括的是（　　）。

A.事故发生的原因和事故性质

B.事故报告单位、联系人及联系方式

C.事故发生的简要经过、伤亡人数和初步估计的直接经济损失

D.事故发生的时间、地点、工程各项目名称、工程各参建单位名称

【答案】A。

二、实务操作与案例分析题

（一）[2018年·节选]

背景资料：

为保证安装质量，A安装公司将冷水机组找正等施工工序设置为质量控制点。

问题：

按照质量控制点分级要求，冷水机组找正属于哪级控制点？应由哪几方质检人员共同检查确认并签证？

参考答案：

本题中，冷水机组找正属于影响下道工序质量的质量控制点，即B级控制点。

冷水机组找正应由施工、监理双方质检人员共同检查确认并签证。

（二）[2018年·节选]

背景资料：

储罐施工过程中，项目部对罐体质量控制实施了"三检制"，并对储罐罐壁几何尺寸进行了检查，检查内容包括罐壁高度偏差、罐壁垂直度偏差和罐壁焊缝棱角度，检查结果符合标准规范的要求。

问题：

说明"三检制"的内容。

参考答案：

"三检制"是指操作人员的"自检""互检"和专职质量管理人员的"专检"相结合的检验制度。它是施工企业确保现场施工质量的一种有效的方法。

①自检是指由操作人员对自己的施工作业或已完成的分项工程进行自我检验，实施自我控制、自我把关，及时消除异常因素，以防止不合格品进入下道作业。

②互检是指操作人员之间对所完成的作业或分项工程进行的相互检查，是对自检的一种复核和确认，起到相互监督的作用。互检的形式可以是同组操作人员之间的相互检验，也可以是班组的质量检查员对本班组操作人员的抽检，同时也可以是下道作业对上道作业的交接检验。

③专检是指质量检验员对分部、分项工程进行检验，用以弥补自检、互检的不足。

第八章　机电工程施工安全管理

知识图谱

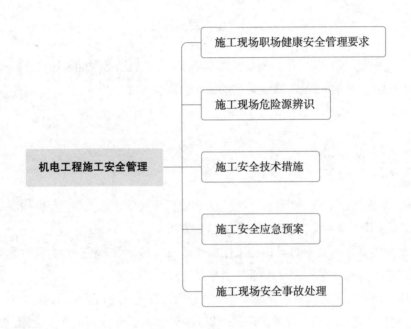

 考情速览

考点	历年考点分值分布				
	2019年	2018年	2017年	2016年	2015年
机电工程施工安全管理	11	5	5	0	5

考点速记

一、施工现场职业健康安全管理要求

项目部安全生产管理制度的内容	①制定安全管理目标和建立责任体系,明确安全生产管理职责并实施职责考核。 ②配置满足安全生产、文明施工要求的费用、从业人员、设施、设备、劳动防护用品及相关的检测器具。 ③编制安全技术措施、方案、应急预案。 ④落实施工过程的安全生产措施,组织安全检查,整改安全隐患。 ⑤组织施工现场场容场貌、作业环境和生活设施安全文明达标。 ⑥确定消防安全责任人,制定用火、用电、使用易燃易爆材料等各项消防安全管理制度和操作规程,设置消防通道、消防水源,配备消防设施和灭火器材,并在施工现场入口处设置明显标志。 ⑦组织事故应急救援抢险。 ⑧对施工安全生产管理活动进行必要的记录,保存应有的资料。
工程项目施工安全生产的责任	①项目经理应为工程项目安全生产第一责任人。 ②工程项目总承包单位、专业承包和劳务分包单位的项目经理、技术负责人和专职安全生产管理人员,应组成安全管理组织,并应协调、管理现场安全生产,项目经理应按规定到岗带班指挥生产。 ③总承包单位、专业承包和劳务分包单位应按规定配备项目专职安全生产管理人员,负责施工现场各自管理范围内的安全生产日常管理。 ④分包单位应服从总承包单位管理,并应落实总承包项目部的安全生产要求。 ⑤施工作业班组应在作业过程中执行安全生产要求,作业人员应严格遵守安全操作规程。 ⑥项目总工程师对本工程项目的安全生产负技术责任。 ⑦施工员对所管辖劳务队(或班组)的安全生产负直接领导责任。
项目专职安全生产管理人员的安全职责	①对项目安全生产管理情况应实施巡查,阻止和处理违章指挥、违章作业和违反劳动纪律等现象,并应做好记录。 ②对危险性较大的分部分项工程应依据方案实施监督并做好记录。 ③应建立项目安全生产管理档案,并应定期向企业报告项目安全生产情况。
承包人对分包人的安全生产责任	①审查分包人的安全施工资格和安全生产保证体系,不将工程分包给不具备安全生产条件的分包人。 ②在分包合同中明确分包人安全生产责任和义务,提出安全管理的要求,若分包人违反规定则令其停工整改。 ③承包人应统计分包人的伤亡事故,按规定上报,并按照分包合同协助处理分包人的伤亡事故。

（续表）

分包人安全 生产责任	认真履行分包合同规定的安全生产责任；遵守承包人的相关安全生产制度，服从承包人的安全生产管理，及时向承包人报告伤亡事故并参与调查，处理善后事宜。
安全技术交底	①工程开工前，工程技术人员要将工程概况、施工方法、安全技术措施等向全体职工详细交底。 ②分项、分部工程施工前，工长（施工员）向所管辖的班组进行安全技术措施交底。 ③两个以上施工队或工种配合施工时，工长（施工员）要按交叉施工安全技术措施的要求向班组长进行交叉作业的安全技术交底。 ④专项施工方案实施前，编制人员或项目技术负责人应向施工现场管理人员进行交底。施工现场管理人员应向作业人员进行安全交底，并由双方和项目专职安全生产管理人员签字确认。 ⑤班组长要认真落实安全技术交底，每天要对工人进行施工要求、作业环境的安全交底。 注：安全技术交底记录一式三份，分别由工长、施工班组和安全员留存。

二、施工现场危险源辨识

危险源	可能导致人身伤亡或者财产损失的一种根源、状态、行为或者组合。 构成要素：潜在危险性、存在条件和触发因素。
危险源分级	①高处作业分级是以四个区段高度为基础，按是否存在直接引起坠落的客观危险因素为依据，采取A（B）类法分级。 ②生产性粉尘分级是在综合评估其健康性危害、劳动者接触程度等的基础上，根据粉尘中游离二氧化硅含量、工作场所空气中粉尘的职业接触比值和劳动者的体力劳动强度等要素的权重数。 ③噪声分级是按国家职业卫生标准划分。
重大危险源分级	一级重大危险源：可能造成特别重大事故的。 二级重大危险源：可能造成特大事故的。 三级重大危险源：可能造成重大事故的。 四级重大危险源：可能造成一般事故的。
施工场所重大危险源主要内容	①脚手架（包括落地架、悬挑架、爬架等）、支撑、起重塔吊、物料提升机、施工电梯安装与运行，局部结构工程或临时建筑（工棚、围墙等）失稳，造成坍塌、倒塌意外。 ②高度大于2 m的作业面（包括高空、洞口、临边作业），因安全防护设施不符合或无防护设施、人员未配系防护绳（带）等造成人员踏空、滑倒、失稳等意外。 ③工程材料、构件及设备的堆放与搬（吊）运等发生高空坠落、堆放散落、撞击人员等意外。 ④施工用易燃易爆化学物品临时存放或使用不符合、防护不到位，造成火灾或人员中毒意外。 ⑤工地饮食因卫生不合格，造成集体中毒或疾病。

（续表）

施工安全重大危险源的主要危害	坍塌、倒塌、火灾、爆炸、高处坠落等。
危险源辨识	①进行危险源辨识及风险评价，编制安全管理计划，并依据计划进行控制。 ②针对不同危险源使用与其相适应的评价方法和预防措施。常用的有事件树分析、LEC法、故障树分析等。施工中危险源辨识多采用"安全检查表"方法。

三、施工安全技术措施

安全管理计划的主要内容	①确定重要危险源制定相应的职业健康安全管理目标。 ②建立管理组织并明确其职责。 ③依照项目的特点进行与职业健康安全方面相适应的资源配置。 ④建立具有针对性的管理制度和培训制度。 ⑤制定与项目可能发生的重要危险源相适应安全技术措施和项目需要的专项安全技术措施。 ⑥编制相应的季节性施工措施。 ⑦建立现场安全检查制度和事故发生的处理规定。
吊装作业的安全技术措施	《建设工程安全生产管理条例》中规定：施工单位应当在施工组织设计中编制安全技术措施和施工现场临时用电方案，对达到一定规模的危险性较大的分部分项工程编制专项施工方案，并附具安全验算结果，经施工单位技术负责人、总监理工程师签字后实施，由专职安全生产管理人员进行现场监督；施工单位采购、租赁的安全防护用具、机械设备、施工机具及配件，应当具有生产（制造）许可证、产品合格证，并在进入施工现场前进行查验。
主要施工机械的安全隐患及防护措施	①正确使用施工机械，严禁使用缺少安全装置或安全装置已失效的施工机械。 ②严禁拆除施工机械的力矩限位器及监测、自控机构、仪表、报警器、指示等安全信号装置。 ③应由专业人员进行施工机械的调试和故障的排除，严禁在运行状态下进行排障作业。
临时用电的验收程序	编制临时用电施工组织设计→施工企业总工程师审批→报监理和业主再审批→向当地电业部门申报用电方案→按照电业部门的批复及相关规范进行材料设备的采购和施工→检查和验收临时用电项目→向电业部门提供相关资料，申请送电→电业部门检查和验收以及试验，合格后同意送电使用。
临时用电检查验收的内容	①接地与防雷。 ②各种配电箱及开关箱、配电线和变压器。 ③电气设备的安装和调试。 ④配电室与自备电源。 ⑤接地电阻测试记录。

四、施工安全应急预案

《建设工程安全生产管理条例》对应急救援的规定	①施工单位应当制定本单位生产安全事故应急救援预案，建立应急救援组织或者配备应急救援人员，配备必要的应急救援器材、设备，并定期组织演练。 ②施工单位应当根据建设工程施工的特点、范围，对施工现场易发生重大事故的部位、环节进行监控，制定施工现场生产安全事故应急救援预案。实行施工总承包的，由总承包单位统一组织编制建设工程生产安全事故应急救援预案，工程总承包单位和分包单位按照应急救援预案，各自建立应急救援组织或者配备应急救援人员，配备救援器材、设备，并定期组织演练。
《生产安全事故应急条例》的规定	生产经营单位应当针对本单位可能发生的生产安全事故的特点和危害，进行风险辨识和评估，制定相应的生产安全事故应急救援预案，并向本单位从业人员公布。
应急预案的体系构成	综合应急预案、专项应急预案和现场处置方案。
应急预案的编制程序	成立编制预案工作组→资料收集→风险评估→应急能力评估→编制应急预案→应急预案评审。
综合应急预案的内容	①应急组织机构和职责。 ②应急预案体系。 ③事故的风险描述。 ④风险预警和信息报告。 ⑤应急响应及保障措施。 ⑥应急预案管理。
专项应急预案的内容	①事故风险的分析。 ②应急指挥机构和职责。 ③处置程序。 ④处置措施。
高处坠落事故的预防措施	①保证作业有稳固的立脚点，必须安装安全网、防护栏等防护措施（安全防护措施必须是验收合格才可使用，以确保安全可靠）。 ②针对危大工程，严格按照规定编制专项施工方案。
触电事故的预防措施	①严格遵守《施工现场临时用电安全技术规范》的规定。 ②正确穿戴防护用品后方可进行电工作业。 ③电线电缆若有老化或破损，要及时采取防护措施。 ④若工程外电高压线和外侧边缘距离不满足最小安全距离时，必须加设保护屏障、保护网或围栏，并且施作的设备和钢管脚手架不得碰触高压线。 ⑤手持电动工具、机电设备等必须经过漏电保护器才能进行有效的接地、接零，电焊机双线到位，室外的机械设备加设雨雪棚。 ⑥禁止使用未接零和灯杆未做绝缘的照明设备。

（续表）

物体击打事故的预防措施	①安全防护措施用品须验收合格。 ②在作业场所、施工现场入口处悬挂警示标志。 ③项目部安全部门对施工现场进行日常检查，相关部门进行现场监督。
伤亡事故的处理	事故发生→启动预案→救出伤员，立即联系医院进行抢救→迅速排除险情，采取措施防止事故进一步扩大→保护现场，划出隔离区并做好标识。 **注**：确因需要而必须移动现场物品时，应做出标记和书面记录，并妥善保管有关证物，防止人为或自然因素的破坏。

五、施工现场安全事故处理

生产安全事故等级划分	根据造成的直接经济损失或人员伤亡情况划分：特别重大事故、重大事故、较大事故、一般事故。
特种设备事故等级划分	根据造成的直接经济损失或人员伤亡情况、造成爆炸、毒害介质泄露、安全故障中断运行、人员滞留等情形划分：特别重大事故、重大事故、较大事故、一般事故。

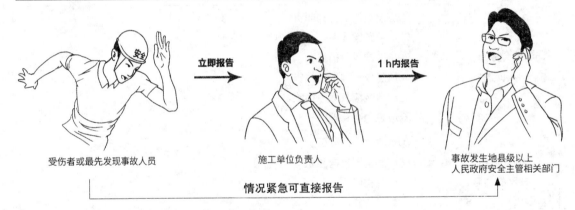

立即报告　　　　1 h内报告

受伤者或最先发现事故人员　　施工单位负责人　　事故发生地县级以上人民政府安全主管相关部门

情况紧急可直接报告

事故报告内容	①事故发生单位的概况。 ②事故发生的时间、地点以及现场情况。 ③事故的简要经过。 ④事故造成的后果（初步估计的直接经济损失和人员伤亡情况等）。 ⑤已经采取的措施以及其他应当报告的情况。
事故调查	特别重大事故→国务院授权的有关部门组织调查。 重大事故→省级人民政府负责调查。 较大事故→市级人民政府负责调查。 一般事故→县级人民政府负责调查。 **注**：没有造成人员伤亡的一般事故，县级人民政府可以委托事故发生单位组织调查小组进行调查。

真题演练

实务操作与案例分析题

（一）[2019年·节选]

背景资料：

油罐布置在一条主巷道两侧的罐室中，罐室尺寸如下图所示，由支巷道进入罐室，支巷道剖面尺寸为3.6×3.9 m（宽×高），安装操作空间相当狭小，另支巷道毛地面不平坦，运输和吊装困难，且罐室内无通风竖井，必须通过支巷道通风换气。

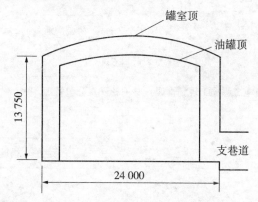

B公司成立了以项目经理任组长的安全领导小组，设置了安全生产监督管理部门，配齐了专职安全员，制定了各级安全责任制，明确了HSE经理对本项目安全生产负全面责任，项目总工程师对本项目部分安全生产工作和安全生产技术工作负责。

项目部对现场职业健康安全危险源辨识后，确认存在的危险源有：爆炸、坍塌、有限空间作业、吸入烟雾（尘粒）等。

问题：

1.B公司项目部制订安全生产责任制是否符合规定？写出项目经理和项目总工程师对本项目的安全管理职责。

2.本项目金属油罐的制作安装还存在哪些危险源？

参考答案：

1.B公司项目部制定安全生产责任制不符合规定。

项目经理对本工程项目的安全生产负全面领导责任，是本项目整个执行过程的安全第一责任人。项目总工程师对本工程项目的安全生产负技术责任。

2. 本项目金属油罐的制作安装还存在的危险源：①有发生火灾的风险；②触电风险；③吊装风险；④脚手架搭设、使用和拆除风险；⑤高处作业坠落风险；⑥机械伤害风险。

第九章　机电工程施工现场管理

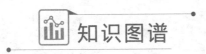

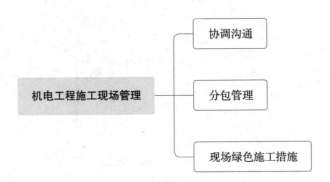

 考情速览

考点	历年考点分值分布				
	2019年	2018年	2017年	2016年	2015年
机电工程施工现场管理	6	7	7	5	0

考点速记

一、沟通协调

1.内部沟通

内部沟通协调的主要对象	项目部各个部门、各专业施工队、各专业分包队伍。
内部沟通的 主要内容	①施工进度计划。 ②施工生产资源的配备。 ③工程质量的管理。 ④施工安全与卫生及环境管理。 ⑤施工现场的交接与协调。 ⑥工程资料。
内部沟通的主要方法	①定期举行协调会。 ②不定期的部门会议或专业专题会议及座谈会。 ③工作完成情况汇报。 ④巡检组随时沟通与交流。 ⑤定期通报现场信息。 ⑥内部参观典型案例并进行评议。 ⑦利用工地宣传工具与员工沟通。
内部协调管理措施	制度措施、教育措施、经济措施。

2.外部沟通

外部沟通的 主要对象	①业主、监理单位、材料设备供应单位、施工机械出租单位等。 ②设计单位、土建单位、其他安装工程承包单位、供水单位、供电单位。 ③安监、质监、特检、消防、环保、海关(若有引进的设备、材料)、劳动和税务单位。 ④各类机电材料、设备的检测、防雷接地检测、消防检测、水质监测、空气检测、节能检测等单位。 ⑤居民(村民)、公安、医疗、电力等单位。
外部沟通的 主要内容	①与建设单位相关的项目内容。 ②与监理单位相关的项目内容。 ③与设计单位相关的项目内容。 ④与设备材料供货单位相关的项目内容。 ⑤与土建单位相关的项目内容。 ⑥与地方相关部门的相关的项目内容。
注:会议、来往文件、联系单、告知书等应做好记录,并将相关记录发至相关单位留存。	

二、分包管理

管理原则	分包单位向总包单位负责。 **注**:一切与工程相关的活动需对外进行沟通联络的,除经总包单位授权同意外,均应由总包单位进行。
劳务分承包单位的 管理原则	除作业质量和作业安全由劳务作业承包单位为主自行负责外,其他施工活动的管理均由总承包单位负责。
项目部对分包队伍的 管理方式	定期召开协调会议、实时协调处理事项、专题协商妥善处理。

三、现场绿色施工措施

四节一环保	节水、节地、节材、节能和环境保护。
扬尘控制	①对易产生扬尘的堆放材料应采取覆盖措施;对粉末状材料应封闭存放。运送土方、垃圾、设备及建筑材料等时,不应污损道路。运输容易散落、飞扬、流漏的物料的车辆,应采取措施封闭严密。施工现场出口应设置洗车设施,保持开出现场车辆的清洁。 ②土方作业阶段,采取洒水、覆盖等措施,达到作业区目测扬尘高度 < 1.5 m,不扩散到场区外。 ③不得在施工现场燃烧废弃物。 ④管道和钢结构预制应在封闭的厂房内进行喷砂除锈作业。
噪声污染的控制	①使用低噪声和低振动的设备并采取隔声、隔振的措施。 ②按标准对施工现场噪声的排放实时监测。
光污染的控制	①夜间电焊作业应采取遮挡措施,避免电焊弧光外泄。 ②控制大型照明灯照射角度,防止强光外泄。
水污染的控制	①针对不同的污水设置不同的污水处理设施。 ②保护地下水环境。采用隔水性能好的边坡支护技术。 ③化学品等有毒材料、油料的储存地有严格的隔水层设计,做好渗漏液收集和处理。 ④委托有资质的单位进行废水水质检测并提供相应的污水检测报告后再进行排放。
土壤保护的措施	①保护地表环境,防止土壤侵蚀、流失。因施工造成的裸土及时覆盖保护。 ②污水处理设施等不发生堵塞、渗漏、溢出等现象。 ③防腐保温用的油漆、绝缘脂和易产生粉尘的材料应妥善保管,对地面造成污染时,及时清理。 ④有毒害的废弃物交给相应单位处理,不作为垃圾外运处理。 ⑤施工结束恢复因施工作业破坏的植被。

（续表）

建筑垃圾控制	①提高建筑垃圾利用率，争取再利用和回收率达30%。土方、碎石类等用作地基和路基回填材料。 ②施工现场生活区的垃圾容器设置成封闭式，生活垃圾进行袋装化并及时清理。

四、现场文明施工管理

施工现场通道及安全防护	①消防通道建成环形，宽度≥3.5 m。 ②2 m高以上的平台必须安装防护栏。 ③高处作业必须挂上安全网，安装防护栏，并设置踢板防止坠物，靠近人行道和马路的一侧使用安全网封闭。
施工材料的管理	①材料库房保持干燥、清洁，通风良好；材料堆场进行硬化处理，保证清洁卫生，排水和道路通畅，并设有防雨设施。 ②施工材料按照不同特点、性质、用途等进行码放并标识"进场待验收""已验收合格""废料"等信息。 ③钢材码放在垫木上，与土壤隔离，标识要醒目清楚。 ④易燃易爆和有毒有害物质进行单独存放并设专人管理，与生活区和施工区保持安全距离，并做好相应标识。
其他相关规定	①施工机具指定专人定期保养维护。 ②临时用电有方案和管理制度，临时用电由持证电工专人管理，电工个人防护整齐。 ③施工现场围墙、围挡的高度≥1.8 m。 ④材料设备堆场配备足够的消防器材和消火栓，并在上风口设置紧急出口。 ⑤严格成品保护措施，严禁损坏污染成品、堵塞管道。
施工现场的人员管理	①进入现场必须穿工作服，并按规定佩戴各类安全防护用品。 ②严禁酒后作业；严禁在非吸烟区吸烟。 ③出入现场必须走安全通道。

真题演练

实务操作与案例分析题

（一）[2019年·节选]

背景资料：

安装工程项目部进场后，认真开展项目开工前的各项准备工作，项目经理组织编制了机电安装工程总设计，技术人员编制了主要施工方案。方案中的绿色施工管理的重点是草原土壤保护。

问题：

本工程在绿色施工管理中,对草原土壤保护的要求有哪些?

参考答案：

本工程在绿色施工管理中,对草原土壤保护的要求如下:

①保护地表环境,防止土壤侵蚀、流失。因施工造成的裸土应及时覆盖。

②污水处理设施等不发生堵塞、渗漏、溢出等现象。

③防腐保温用油漆、绝缘脂和易产生粉尘的材料应妥善保管,对现场地面造成污染时应及时进行清理。

④对于有毒有害废弃物应回收后交有资质的单位处理,不能作为建筑垃圾外运。

⑤施工后应恢复施工活动破坏的植被。

（二）[2018年·节选]

背景资料：

施工单位在组织土方开挖、余土外运时,开挖现场、厂外临时堆土及运输道路上经常是尘土飞扬,运送土方的汽车也存在漏土现象。

问题：

在土方开挖过程中,需要采取哪些环境保护措施?

参考答案：

在土方开挖施工过程中,需要采取相应的环境保护措施:

①运送土方、垃圾、设备及建筑材料等时,不应污损道路。运输容易散落、飞扬、流漏的物料的车辆,应采取措施封闭严密。施工现场出口应设置洗车设施,保证开出现场车辆的清洁。

②土方作业机阶段,采取洒水、覆盖等措施,达到作业区目测扬尘高度 < 1.5 m,不扩散到场区外。

第十章 机电工程施工成本管理

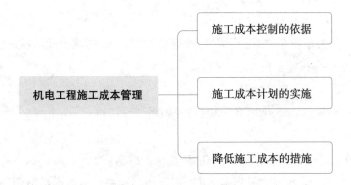

考情速览

考点	历年考点分值分布				
	2019年	2018年	2017年	2016年	2015年
机电工程施工成本管理	1	2	6	1	0

 考点速记

一、施工成本控制的依据

建筑安装 工程费的组成	按费用构成要素划分：人工费、材料费、机械费、企业管理费、利润、规费、税金。 按工程造价组成内容划分：分部分项工程费、措施项目费、其他项目费、规费、税金。
项目施工成本 计划的编制依据	①已签订的合同文件。 ②项目管理实施规划，施工组织设计。 ③相关设计文件。 ④价格信息。 ⑤相关定额。 ⑥类似项目的成本资料。 ⑦其他相关资料等。
项目施工成本 计划的编制方法	①按成本构成编制。 ②按项目结构编制。 ③按工程实施阶段编制。
项目成本 计划编制的程序	预测项目成本→确定项目总体成本目标→编制项目总体成本计划→项目管理机构与组织的职能部门根据责任成本范围，分别确定自己的成本目标，并编制相应的成本计划→针对成本计划制定相应的控制措施→由项目管理机构与组织的职能部门负责人分别审批相应的成本计划。

二、施工成本计划的实施

项目成本 控制的原则	①成本最低化原则。 ②全面成本控制原则。 ③动态控制原则。 ④责任权利相结合原则。
成本控制的依据	①合同文件。 ②成本计划。 ③进度报告。 ④工程变更与索赔资料。 ⑤各种资源的市场信息。
成本控制程序	确定项目成本管理分层次目标→采集成本数据，监测成本形成过程→找出偏差，分析原因→制定对策，纠正偏差→调整改进成本管理办法。

（续表）

以施工图对成本进行控制	特点:以收定支或量入为出。 具体处理方法: ①根据合同价与预算定额单价综合考量对人工费进行定价。 ②材料费使用"量价分离"方法计算,主材消耗量通过"限额领料单"进行落实。 ③施工图预算中的机械使用费=工程量×定额台班单价。 **注**:实际工程作业时,机械使用率达不到预算定额的取定水平,可以与发包人协商,在合同上通过增加机械费用补贴条款来控制机械费成本。
安装工程费的动态控制	①人工费的控制: a.制定企业内部劳动定额,以按劳分配为原则,实行奖励措施来提高效率。 b.强化技术培训,提高作业工效。 c.实行弹性需求的劳务管理制度。 ②材料成本的控制:从量差和价差两方面控制,遵循"量价分离"的原则。 ③工程设备成本的控制:进行重点控制,在采购、运输等方面进行控制。 ④施工机具费控制:合理安排机具的使用,提高利用率,控制对外租赁借设备以及设备进出场时间。
工期成本的动态控制	工期成本分析:将计划工期成本与实际工期成本进行比较,运用因素分析法进行分析。 优化方法:工期–费用优化。 具体操作步骤:确定关键工作和关键线路→估计各项工作正常费用、最短持续时间和对应的费用,计算工作费用率→当只有一条关键线路时,找出费用率最小的关键工作作为压缩(当有两条及以上的关键线路时,找出各条关键线路上费用率总和最小的工作组合作为压缩对象)→分析并计算压缩后总的直接费用的增加值和间接费用的减少值→比较计算结果,若直接费用的增加值大于间接费用的减少值则重新压缩;反之,则停止压缩。
施工成本偏差控制	实际偏差=计划成本–实际成本。 计划偏差=预算成本–计划成本。 **注**:实际偏差为正值且越大越好,若为负差,则说明成本控制存在缺点和问题。

三、降低施工成本的措施

成本降低率	成本降低率=(计划成本–实际成本)/计划成本。
降低项目成本的组织措施	①组建强有力的工程项目部,项目经理要求经验丰富、能力强,将成本责任分解落实,对成本进行全过程、全员、动态管理。 ②完善规章制度,明确工作要求,信息传递准确、完整。
降低项目成本的技术措施	①选用先进合理的施工工艺和施工方案。 ②推广应用新的技术。 ③加强技术、质量检验。

（续表）

降低项目成本的 经济措施	①控制人工费。 ②控制材料费。 ③控制机械费。 ④控制间接费及其他直接费。
降低项目成本的 合同措施	①选用适当的合同结构模式。 ②采用严谨的合同条款。 ③全过程的合同条款。

真题演练

一、单选题

[2019年] 在编制项目施工成本计划时，不采用的方法是（　　　）。

A.按项目工序成本编制成本计划的方法

B.按成本构成编制成本计划的方法

C.按工程实施阶段编制成本计划的方法

D.按项目结构编制成本计划的方法

【答案】A。

二、实务操作与案例分析题

[2017年·节选]

背景资料：

在项目施工成本控制中，安装公司采用了"施工成本偏差控制"法。实施过程中，计划成本是9 285万元，预算成本是9 290万元，实际成本是9 230万元，施工成本控制取得了较好的效果。

问题：

列式计算成本工程施工成本的实际偏差，并简述项目成本控制的常用方法还有哪些。

参考答案：

本工程施工成本的实际偏差=计划成本–实际成本=9 285–9 230=55（万元）。

项目成本控制的常用方法还有：①以施工图控制成本；②安装工程费的动态控制；③工期成本的动态控制。

第十一章 机电工程项目试运行管理

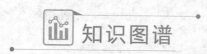

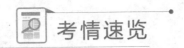 考情速览

考点	历年考点分值分布				
	2019年	2018年	2017年	2016年	2015年
机电工程项目试运行管理	1	0	0	0	10

 考点速记

一、试运行条件

试运行的目的	检验单台设备和生产装置的综合性能,是否达到生产出合格产品的要求。
试运行阶段	单机试运行、联动试运行、负荷试运行(投料试运行/试生产)。
单机试运行的责任单位及工作内容	负责单位:施工单位。 工作内容: ①编制完成试运行方案。 ②将试运行方案报建设单位、监理单位审批。 ③组织试运行的操作。 ④做好试运行的测试和记录。 参加单位:建设单位、施工单位、监理单位、设计单位、重要机械设备生产厂家。
单机试运行前应具备的条件	①相关分项工程验收合格:与安装有关的几何精度经检验合格;机械设备的安装水平已调整至允许范围。 ②施工资料齐全:各类产品的合格证书或复验报告;施工记录、隐蔽工程记录;各种检验、试验合格文件;相关的电气和仪表调校合格资料等。 ③达到满足试运行所需要的资源条件。 ④技术措施已到位。 ⑤施工准备工作已完成。
联动试运行的责任单位	负责单位:建设单位或委托施工单位组织。 参加单位:建设单位、施工单位、监理单位、设计单位、生产单位、重要机械设备的生产厂家。
联动试运行的工作内容	①提供各种资源。 ②编制联动试运行方案。 ③选择和组织试运行的操作人员。 ④实施试运行的操作。
联动试运行前应具备的条件	①工程质量验收合格。 ②工程中间交接已完成:"三查四定"的问题整改完毕;影响投料的设计变更项目已施工完;现场清洁,施工用临时设施已经全部拆除,无障碍、无污染。 ③单机试运行全部合格。 ④工艺系统试验合格。 ⑤技术管理要求已完成。 ⑥达到满足试运行所需要的资源条件。 ⑦准备工作已完成。

（续表）

负荷试运行的责任单位及工作内容	负责单位:建设单位。 工作内容: ①编制完成试运行方案（建设单位组织生产部门和设计单位、总承包/施工单位共同编制）。 ②生产部门负责指挥和操作。
负荷试运行前应具备的条件	①联动试运行已完成。 ②制度和技术文件已完善。 ③达到满足试运行所需要的资源条件。

二、试运行要求

单机试运行的范围	单台机械设备（机组）及其辅助系统和控制系统、驱动装置、传动装置。
单机试运行方案的内容	①试运行范围或工程概况。 ②编制的依据和原则。 ③目标与采用标准。 ④试运行前必须具备的条件, ⑤试运行程序、操作要求、进度安排和资源配置以及试运行预计的技术难点和采取的应对措施。 ⑥组织指挥系统、环境保护设施投运安排。 ⑦安全与职业健康要求。
单机试运行方案的编审	施工项目总工程师编制→施工企业总工程审定→建设单位和监理单位批准→施工单位实施。
离心通风机试运转要求	①启动前应关闭进气调节门。 ②点动电动机后各部位应无摩擦声响和异常现象。 ③风机转速达到正常运行速度时,门开度在0°~5°时进行小负荷运转,待运转正常后逐渐调大,但是电动机电流不得超过电动机额定电流值,轴承达到稳定温度后,连续运转时间≥20 min。 ④大型风机的滑动轴承,负荷试运转2 h后应停机检查,检查应无异常;合金表面有局部研伤时应进行修整,再连续运转时间应≥6 h。 ⑤高温离心通风机进行高温试运转时,升温速率应≤50 ℃/h;进行试运转时,其电机不得超负荷作业。 ⑥试运转过程中,轴承表面测得温度不得高于环境温度40 ℃,轴承振动速度有效值≤6.3 mm/s;矿井用离心通风机振动速度有效值≤4.6 mm/s。 ⑦记录风机安全和联锁报警与停机控制系统模拟试验的实测数值,用以备查。

（续表）

轴流通风机 试运转要求	①启动时各部件无异常。 ②启动在小负荷运转正常后,逐渐增加风机的负荷,在规定转速和最大出口压力的条件下,达到轴承的稳定温度后其连续运转时间应≥20 min。 ③试运转中,一般用途的轴流通风机在轴承表面测得的温度不高于环境温度40 ℃;电站式轴流通风机、矿井式轴流通风机和滚动轴承正常工作表面温度≤70 ℃;瞬时最高温度≤95 ℃,温升≤60 ℃;滑动轴承正常工作温度≤75 ℃。 ④轴流通风机的类型和相应的振动速度有效值: 电站、矿井用轴流通风机→刚性≤4.6 mm/s,挠性≤7.1 mm/s。 暖通空调用轴流通风机→≤5.6 mm/s。 一般用途、其他机型轴流通风机→≤6.3 mm/s。
泵试运转的 基本要求	①试运转时,各固定连接部件没有松动;各运动部件运转正常,无异常和摩擦;附属系统的运转应正常;管道连接应牢固、无渗漏。 ②润滑、液压、加热和冷却系统的工作无异常现象。 ③试运转的介质宜采用清水。 ④泵在额定工况下连续试运转时间如下: 泵的轴功率<50 kW,连续试运转时间应≥30 min。 泵的轴功率范围在50~100 kW,连续试运转时间应≥60 min。 泵的轴功率范围在100~400 kW,连续试运转时间应≥90 min。 泵的轴功率>400 kW,连续试运转时间应≥120 min。
单机试运行结束后 应及时完成的工作	①切断电源、切断其他动力源。 ②排水、排污、放气和除锈涂油。 ③对蓄势器、蓄势腔和机械设备内剩余压力卸压。 ④检查润滑剂的清洁度。清洗过滤器,如有需要,更换新的润滑剂。 ⑤拆除试运行中的临时装置和恢复拆卸的设备部件及附属装置。复查设备几何精度,复紧禁锢部件。 ⑥清扫、清理现场,给机械设备盖上防护罩。 ⑦整理试运行的各项记录。
联动试运行的 主要范围	单台机械设备(机组)或成套生产线及辅助设施。
联动试运行 应符合的规定	①按照试运行方案及操作规程指挥和操作。 ②试运行人员必须按建制上岗,服从安排和指挥。 ③不受工艺条件影响的保护性联锁、仪表和报警都应参与试运行,逐步投入自动控制系统。 ④禁止无关人员进入到划定的试运行区域。 ⑤做好相关记录。

（续表）

联动试运行应达到的标准	①按照设计要求,试运行系统应全面投运,首尾衔接地稳定连续运行并达到规定时间。 ②参加试运行的人员应掌握开车和停车、事故处理以及调整工艺条件的技术。 ③参加试运行的单位和部门应对试运行的结果进行分析和评定,确认合格后填写"联动试运行合格证书"。 **注**:证书内容包括工程名称;车间、装置、工段或生产系统的名称;试运行的时间、情况和结果评定;附件;建设单位、设计单位、施工单位盖章,现场代表签字确认。
负荷试运行应达到的要求	①建设单位组织生产部门、设计单位、总承包／施工单位共同编制运行方案,建设单位生产部门负责指挥和操作。若合同另有规定,按照合同执行。 ②参与试运行人员必须遵守纪律和制度,禁止无证人员进入试运行区。 ③按照设计文件要求规定使用安全联锁装置。因故停用,须经授权人批准并做好相应记录,限期恢复,停止使用期间须进行专人监护。 ④操作必须按照运行方案规定进行,并实时进行监护操作制度。 ⑤总控人员应和其他岗位操作人员密切配合,岗位操作的人员应和电气、仪表、机械人员保持密切联系。 ⑥按照运行方案的规定和需要测定数据和做好记录。
负荷试运行应达到的标准	①经济效益好,不超过试车预算。 ②不发生人身、操作以及重大设备事故;不发生火灾、爆炸事故。 ③环保设施做到"三同时",不污染环境。 ④生产装置连续运行,产出合格产品,一次投料负荷试运行成功;试运行主要控制点正点到达。
建设工程项目竣工验收	承包人自检合格后向发包人提交竣工报告。 **注**:小型工程可进行一次性项目竣工验收;大型工程可进行分阶段验收。验收当事人应在《工程竣工验收报告》签署验收意见,签名并加盖单位公章。
工程移交	工程投产试车产出合格产品→经过合同规定的考核期→总承包单位和建设单位签订《工程交接证书》。

真题演练

单选题

[2019年] 关于30 kW水泵单机试运转的说法,正确的是(　　)。

A.连续试运转时间应为15 min　　　　B.试运转的介质宜采用清水

C.滑动轴承温度不应大于80 ℃　　　　D.滚动轴承温度不应大于90 ℃

【答案】B。

第十二章　机电工程施工结算与竣工验收

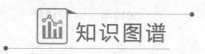

考情速览

考点	历年考点分值分布				
	2019年	2018年	2017年	2016年	2015年
机电工程施工结算与竣工验收	0	2	1	11	10

一、施工结算规定的应用

1.竣工结算与工程计价的依据

竣工结算的编制依据	①工程合同(包括补充协议)。 ②《计价规范》。 ③已确认的工程量、结算合同款及追加或扣减的合同价款。 ④投标文件。 ⑤建设工程设计文件及相关资料。 ⑥其他依据。
工程计价的依据	①分部分项工程量。包括项目建议书、可行性研究报告、设计文件等。 ②人工、材料、机械等实物消耗量。包括投资估算指标、概算定额、预算定额等。 ③工程单价。包括人工单价、材料价格和机械台班费等。 ④设备单价。包括设备原价、设备运杂费、进口设备关税等。 ⑤施工组织措施费、间接费和工程建设其他费用。主要是相关的费用定额和指标。 ⑥政府规定的税费。 ⑦物价指数和工程造价指数。

2.工程预付款

工程预付款	预付款用于承包人为合同工程购置材料和工程设备,组织施工机械和人员进场等。 注:工程预付款的支付按《建设工程合同(示范文本)》(GF—2017—0201)约定执行。预付款应担保。
工程预付款的抵扣	除专用条款另有约定外,预付款在进度款付款中同比例扣回。

3.安全文明施工费

安全文明施工费的支付	①除专用合同条款另有约定外,发包人应在工程开工的28 d内预付不低于当年施工进度计划的安全文明施工费总额的50%,其余部分应与进度款同期支付。 ②发包人没有按时支付安全文明施工费的,承包人可以催告发包人支付,发包人在付款期满的7 d内仍未支付的,承包人有权暂停施工。
安全文明施工费的使用	承包人对安全文明施工费应专款专用,在财务账目中应单独列项备查,不得挪作他用,否则,发包人有权要求其限期改正,逾期未改正的,造成的损失和延误的工期应由承包人承担。

4.工程进度款

工程进度款的 计算原则	①已标价工程量清单中的单价项目,承包人应按工程计量确认的工程量与综合单价计算,综合单价发生调整的,以承发包双方确认调整的综合单价计算进度款。 ②已标价工程量清单中的总价项目应按合同约定的进度款支付分解方法分解。 ③发包人提供的甲供材料,应按照发包人签约提供的单价和数量列入当期应扣减的金额中,从进度款支付中扣除;承包人现场签证和经发包人确认的索赔金额应列入当期应增加的金额中,增加到进度款支付中。 ④进度款支付比例。进度款支付的比例按照合同约定,按期中结算价款总额计算。
工程进度款的 支付比例	遵照合同约定,按期中结算价款总额计算。
工程进度款支付 申请的内容	①累计已完成的合同价款。 ②累计已实际支付的合同价款。 ③本周期合计完成的合同价款:本周期已完成的单价项目金额;本周期应支付的总价项目金额;本周期已完成的计日工价款;本周期应支付的安全文明施工费;本周期应增加的金额。 ④本周期合计应扣减的金额:本周期应扣回的预付款;本周期应扣减的金额。 ⑤本周期实际应支付的合同价款。
工程进度款的 审核与支付	①发包人应在收到承包人进度款支付申请后的14 d内,根据计量结果和合同约定对申请内容予以核实,确认后向承包人出具进度款支付证书。 ②若发包人逾期未签发进度款支付证书,则视为承包人提交的进度款支付申请已被发包人认可,承包人可向发包人发出催告付款的通知,发包人应在收到通知的14 d内,按照承包人支付申请的金额向承包人支付进度款。 ③发包人应在签发进度款支付证书后的14 d内,向承包人支付进度款。 ④发包人未按前款规定支付进度款的,承包人可催告发包人支付,并有权获得延迟支付的利息;发包人在付款期满后的7 d内仍未支付的,承包人可在付款期满的第8天起暂停施工。发包人应承担由此增加的费用和延误的工期,向承包人支付合理利润,并承担违约责任。

5.工程竣工结算

工程竣工 结算方式	定期结算、分段结算、竣工后一次性结算、目标结算、约定结算、结算双方约定的其他方式。
工程竣工 结算的前提 条件	①该项目已完工,并已验收签证,交工资料已整理汇总完毕,经有关方面签字认可。 ②根据全部的施工图编制的施工图预算已编制完毕。 ③设计变更和现场变更所发生的技术核定单和现场用工签证手续已办理完毕。 ④因建设单位原因造成施工单位人员窝工、机具闲置、工期延误等经济索赔已得到建设单位认可。 ⑤在施工过程中有关工程造价的政策性调整文件收集完整,相应应予调整的工程造价已编制完毕。

（续表）

工程竣工结算的分类	单位工程竣工结算、单项工程竣工结算和建设项目竣工总结算。
工程竣工结算的计价方法	定额计价和工程量清单计价。
工程竣工结算价款	工程竣工结算价款＝合同价款＋施工过程中调整预算或合同价款调整数额－预付及已结算工程价款－质量保证金。

二、竣工验收工作程序和要求

竣工验收的依据	①指导建设管理行为的依据： a.国家、各行业有关法律、法规、规定。 b.施工技术验收规范、规程、质量验收评定标准。 c.环境保护、消防、节能、抗震等有关规定。 ②工程建设中形成的依据： a.上级主管部门批准的可行性研究报告、初步设计、调整概算及其他有关设计文件。 b.施工图纸、设备技术资料、设计说明书、设计变更单及有关技术文件。 c.工程建设项目的勘察、设计、施工、监理及重要设备、材料招标投标文件及其合同。 d.引进或进口和合资的相关文件资料。
竣工验收的组织	建设单位在接到承包商申请后，要及时组织监理单位、设计单位、施工单位及使用单位等有关单位组成验收小组，依据设计文件、施工合同和国家颁发的有关标准规范，进行验收。
施工单位竣工验收的准备工作	①做好施工项目竣工验收前的收尾工作。 ②组织技术人员整理竣工资料。 ③组织相关人员编制竣工结算。 ④准备工程竣工通知书、报告、验收证明书、保修证书。 ⑤组织好工程自检。 ⑥准备好质量评定的各项资料。
施工项目竣工验收	正式验收分为两个阶段，包括单项验收和全部验收。 第一阶段是单项验收，即一个单项（专业）已经完成初步验收，施工单位提出"竣工申请报告"后便可组织正式验收。 第二阶段是全部验收，即各个单项工程（专业）全部完成，达到竣工验收标准。 全部验收工作首先要由建设单位会同设计单位、施工单位、监理单位进行验收准备。 准备的主要内容：整理汇总技术资料、竣工图，装订成册，分类编目；核实工程量并评定质量等。 正式验收经竣工验收各方复检或抽检确认符合要求后，可办理正式验收交接手续，竣工验收各方要审查竣工验收报告，并在验收证书上签字，完成正式验收工作。

（续表）

竣工验收的必备文件	①按设计文件和合同约定的各项施工内容已经施工完毕。验收规范及质量验收标准。主管部门审批、修改、调整的文件。 ②有完整并经核定的工程竣工资料。 ③有勘察、设计、施工、监理等单位签署确认的工程质量合格文件。 ④工程中使用的主要材料和构配件的进场证明及现场检验报告。 ⑤有施工单位签署的工程保修书。
竣工验收的条件	①主体工程、辅助工程和公用设施,基本按设计文件要求建成,能够满足生产或使用的需要。 ②生产性项目的主要工艺设备及配套设施,经联动负荷试车合格（或试运行合格）,形成生产能力,能够生产出设计文件中规定的合格产品。 ③环境保护、消防、劳动安全卫生符合规定。 ④编制完成竣工决算报告,并经批准。 ⑤建设项目的档案资料齐全、完整,符合建设项目档案验收规定。
应及时办理竣工验收的建设项目（工程）	①有的建设项目基本符合竣工验收标准,只是零星土建工程和少数非主要设备未按设计规定内容全部建成,但不影响正常生产。 ②有的项目投产初期一时不能达到设计能力所规定的产量。 ③有些建设项目或单项工程已形成部分生产能力或实际上生产方面已经使用。
应移交的竣工资料	①工程前期及竣工文件材料。 ②工程项目合格证,施工试验报告。 ③施工记录资料。包括图纸会审记录、设计变更单、隐蔽工程验收记录;定位放线记录;质量事故处理报告及记录;特种设备安装检验及验收检验报告;分项工程使用功能检测记录等。 ④单位工程、分部工程、分项工程质量验收记录。 ⑤竣工图:项目竣工图是项目竣工验收,以及项目今后进行维修、改扩建等的重要依据;必须真实、准确地反映项目竣工时全部实际情况;要做到图物相符、技术数据可靠;应坚持核校审的制度,签字手续完备,加盖竣工图章,整理符合档案管理的要求。 **注:**各有关单位(包括设计、施工、监理单位)建立的工程技术档案。凡是列入技术档案的技术文件、资料,都必须经有关技术负责人正式审定。所有的资料文件都必须如实反映工程实施的实际情况,工程技术档案必须严格管理,不得遗失损坏,技术资料按《建设工程文件归档规范》(GB/T 50328—2014)执行。

真题演练

一、单选题

1.［2017年］工程竣工结算的编制依据不包括（　　）。

A.施工合同　　　　　　　　　　　　　B.政策性调整文件

C.设计变更技术核定单   D.招标控制价清单

【答案】D。

2.［2016年］不能进行竣工验收的机电工程项目是（   ）。

A.达到环境保护要求,尚未取得环境保护验收登记卡

B.附属工程尚未建成,但不影响生产

C.形成部分生产能力,近期不能按设计规模续建

D.已投产,但一时达不到设计产能

【答案】A。

二、多选题

［2018年］下列竣工技术资料中,属于施工记录资料的有（   ）。

A.竣工图   B.图纸会审记录

C.质量事故处理报告及记录   D.隐蔽工程验收记录

E.单位工程质量验收记录

【答案】BCD。

三、实务操作与案例分析

（一）［2015年·节选］

背景资料:

某安装工程公司承包了一套燃油加热炉安装工程,包括加热炉、燃油供应系统、钢结构、工艺管道、电气动力与照明、自动控制、辅助系统等。

安装工程公司项目部向建设单位提交的竣工工程施工记录资料:图纸会审记录、设计变更单、隐蔽工程验收记录、焊缝的无损检测记录、质量事故处理报告及记录。建设单位认为:安装工程公司项目部提交的施工记录资料不全,要求安装公司项目部完善、补充。安装工程公司项目部整改补充后,建设单位同意该工程组织竣工验收。

问题:

安装工程公司项目部应补充哪些竣工工程施工记录资料?

参考答案:

安装工程公司项目部应补充的竣工工程施工记录资料:定位放线记录;特种设备安装检验及验收检验报告;管道压力试验、防腐保温记录、系统测试;各种材料试验;钢结构安装、检测记录;电气动力与照明安装、交接试验报告;自动控制、辅助系统安装、检测记录;各分项工程使用功能检测记录;各工程试运行记录等。

第十三章　机电工程保修与回访

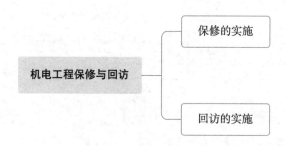

考情速览

考点	历年考点分值分布				
	2019年	2018年	2017年	2016年	2015年
机电工程保修与回访	0	0	0	0	0

考点速记

一、保修的实施

保修的责任	①施工单位责任造成的质量问题→施工单位负责修理并承担修理费用。 ②双方责任造成的质量问题→施工单位修理,经济责任协商解决。 ③建设单位提供设备、材料质量不良导致的质量问题→建设单位承担修理费用,施工单位协助修理。 ④建设单位(用户)责任造成的质量问题→修理费用或重建费用由建设单位承担。 注:涉外工程的修理按合同规定执行,经济责任按以上原则处理。
保修期限	根据《建设工程质量管理条例》规定,建设工程在正常使用条件下的最低保修期限: ①建设工程的保修期自竣工验收合格之日起计算。 ②电气管线、给水排水管道、设备安装工程保修期为2年。 ③供热和供冷系统为2个供暖期或供冷期。 ④其他项目的保修期由发包方与承包方约定。 注:根据《建筑工程五方责任主体项目负责人质量终身责任追究暂行办法》的规定,参与新建、扩建、改建的建筑工程项目负责人按照国家法律法规和有关规定,在工程设计使用年限内对工程质量承担相应责任,称为建筑工程五方责任主体项目负责人质量终身责任。

二、回访的实施

工程回访参加人员	由项目负责人,技术、质量、经营等有关方面人员组成,需要时其他部门的人员也可参与。
工程回访时间	保修期内(也可以根据需要随时进行回访)。
工程回访内容	了解工程使用或投入生产后工程质量的情况,听取各方面对工程质量和服务的意见,了解所采用的新技术、新材料、新工艺或新设备的使用效果,向建设单位提出保修期后的维护和使用等方面的建议和注意事项,处理遗留问题,巩固良好的合作关系。工程回访工作计划内容包括:主管回访保修业务的部门;回访保修的执行单位;回访的对象(发包人或使用人)及其工程名称;回访时间安排和主要内容;回访工程的保修期限。
工程回访的要求	①回访过程必须认真实施,做好回访记录,必要时写出回访纪要。 ②回访中发现的施工质量缺陷,如在保修期内要采取措施,迅速处理;如已超过保修期,要协商处理。

第三篇
机电工程项目施工相关法律与标准

第一章 机电工程项目施工相关法律规定

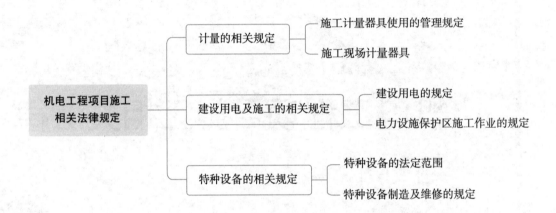

考情速览

考点	历年考点分值分布				
	2019年	2018年	2017年	2016年	2015年
计量的相关规定	11	1	1	1	1
建设用电及施工的相关规定	1	1	0	1	1
特种设备的相关规定	6	1	1	1	2

1.1 计量的相关规定

 考点速记

一、施工计量器具使用的管理规定

强制检定的 计量器具的范围	强制检定是指计量标准器具与工作计量器具必须定期送由法定或授权的计量检定机构检定。 强制检定的计量器具范围： ①社会公用计量标准器具。 ②部门和企业、事业单位使用的最高计量标准器具。 ③用于贸易结算、安全防护、医疗卫生、环境监测的计量器具。
非强制检定的 计量器具	非强制检定的计量器具可由使用单位依法自行定期检定，本单位不能检定的，由有权开展量值传递工作的计量检定机构进行检定。
施工计量器具 使用的管理规定	①对属于强制检定范围的计量器具应定期进行强制检定，未按照规定申请检定或者检定不合格的，企业不得使用。 ②企业、事业单位建立本单位各项最高计量标准，须向与其主管部门同级的人民政府计量行政部门申请考核。乡镇企业向当地县级人民政府计量行政部门申请考核。经考核符合《中华人民共和国计量法实施细则》第七条规定条件并取得考核合格证的，企业、事业单位方可使用，并向其主管部门备案。 ③非经国务院计量行政部门批准，任何单位和个人不得拆卸、改装计量基准，或者自行中断其计量检定工作。 ④非强制检定计量器具的检定周期，由企业根据计量器具的实际使用情况，本着科学、经济和量值准确的原则自行确定。 ⑤任何单位和个人不得经营销售残次计量器具零配件，不得使用残次零配件组装和修理计量器具；不准在工作岗位上使用无检定合格印、证或者超过检定周期以及经检定不合格的计量器具。 ⑥计量器具修理应委托在相应修理项目上取得《修理计量器具许可证》的企业、事业单位或个体工商户。
施工计量器具 管理基本要求	①明确单位负责计量工作的职能机构、配备适应的专（兼）职计量管理人员。 ②规定本单位管理的计量器具明细目录，建立在用计量器具的管理台账，制定具体的检定实施办法和管理规章制度。 ③根据生产、科研和经营管理的需要，配备相应的计量标准器具、检测设施和检定人员。

（续表）

施工计量器具管理基本要求	④根据计量检定规程，结合实际使用情况，合理安排好每种计量器具的检定周期。 ⑤对由本单位自行检定的计量器具，要制订周期检定计划，按时进行检定；对本单位不能检定的计量器具和强检器具，要落实送检单位，按时送检或申请来现场检定，杜绝任何未经检定的、经检定不合格的或者超过检定周期的计量器具流入工作岗位。
企业、事业单位计量标准器具的使用应当具备的条件	①经计量检定合格。 ②具有正常工作所需要的环境条件。 ③具有称职的保存、维护、使用人员。 ④具有完善的管理制度。
计量检定印、证包括的内容	检定证书、不合格通知书（检定结果通知书）、检定标记、封印标记。
计量器具准确度等级划分	按级别：如精密压力表，0.25级、0.4级、0.6级。 按等别：如标准活塞压力计，1等、2等、3等。 既按级别，又按等别：如量块，0~4级、1~6等。
施工企业计量管理的违法行为及应承担的法律责任	①部门和企业、事业单位的各项最高计量标准，未经有关人民政府计量行政部门考核合格而开展计量检定的，责令其停止使用，可并处1 000元以下的罚款。 ②属于强制检定范围的计量器具，未按照规定申请检定和属于非强制检定范围的计量器具未自行定期检定或者送其他计量检定机构定期检定的，以及经检定不合格继续使用的，责令其停止使用，可并处1 000元以下的罚款。 ③制造、销售、使用以欺骗消费者为目的的计量器具的单位和个人，没收计量器具和全部违法所得，可并处2 000元以下的罚款；构成犯罪的，对个人或者单位直接责任人员，依法追究刑事责任。 ④使用不合格计量器具或者破坏计量器具准确度和伪造数据，给国家和消费者造成损失的，责令其赔偿损失，没收计量器具和全部违法所得，可并处2 000元以下的罚款。 ⑤伪造、盗用、倒卖强制检定印、证的，没收其非法检定印、证和全部违法所得，可并处2 000元以下的罚款；构成犯罪的，依法追究刑事责任。

二、施工现场计量器具的管理程序

计量器具的选择原则	①与所承揽的工程项目的内容、检测要求以及所确定的施工方法和检测方法相适应。 ②所选用的计量器具和设备，必须具有计量鉴定书或计量鉴定标记。 ③所选用的计量器具和设备，在技术上是适用的，操作培训是较容易的，坚实耐用且便于携带，检定地点在工程所在地附近的，使用时其比对物质和信号源易于保证。尽量不选尚未建立检定规程的测量器具。
计量器具的分类管理	根据计量器具的性能、使用地点、使用性质及使用频度，将计量器具划分为A、B、C三类，并采取相应的管理措施和色标标志。

（续表）

A类计量器具的范围及管理办法	A类计量器具的范围： ①施工企业最高计量标准器具和用于量值传递的工作计量器具。包括：一级平晶、零级刀口尺、水平仪检具、直角尺检具、百分尺检具、百分表检具、千分表检具、自准直仪、立式光学计、标准活塞式压力计等。 ②列入国家强制检定目录的工作计量器具。包括：电能表、接地电阻测量仪、声级计等。 A类计量器具的管理办法： ①属于企业最高计量标准器具，按照《计量法》有关规定，送法定计量检定机构，定期检定。 ②属于强制检定的工作计量器具，可本着就地就近原则，送法定计量检定机构检定。 ③大型试验设备的校准、检定，联系法定计量检定机构定期来试验室现场校验。
B类计量器具范围及管理办法	B类计量器具的范围： 用于工艺控制、质量检测及物资管理的计量器具。包括：卡尺、千分尺、百分表、千分表、水平仪、直角尺、塞尺、水准仪、经纬仪、测厚仪；温度计、温度指示调节仪；压力表、测力计、转速表、砝码、硬度计、万能材料试验机、天平；电压表、电流表、欧姆表、电功率表、功率因数表；电桥、电阻箱、检流计、万用表、标准电信号发生器；示波器、阻抗图示仪、电位差计、分光光度计等。 B类器具的管理办法： 由所属企业计量管理部门定期检定校准。企业计量管理部门无权检定的项目，可送交法定计量检定机构检定。
C类计量器具范围及管理办法	C类计量器具的范围： ①计量性能稳定，量值不易改变，低值易耗且使用要求精度不高的计量器具。包括：钢直尺、弯尺、5 m以下的钢卷尺等。 ②与设备配套，平时不允许拆装指示用计量器具。包括：电压表、电流表、压力表等。 ③非标准计量器具。包括：垂直检测尺、游标塞尺、对角检测尺、内外角检测尺等。 C类器具的管理办法： ①对新购入的C类计量器具，经库管员验货、验证合格后即可发放使用。对使用中的C类计量器具，由计量管理人员到现场巡视，发现损坏的及时更换。 ②对于拆装不便的设备所属的指示用仪表，可在设备检修同步进行，用已经检定合格的仪表直接比对、核准、确认合格，在设备鉴定记录上注明：仪表名称、编号、状态。 ③平时加强计量器具维护保养，随坏随换，保证计量器具处于良好工作状态。定期送所属企业计量管理部门校准或校验。
施工计量器具的管理程序	收集信息→确定所需器具计划→确定购置、租赁计划→采购、租赁、验收→送检→入库、建档、保管→发到班组→调校及使用→现场检查、对比→退库、保管→第二次使用。

（续表）

专（兼）职计量管理员对施工器具的现场管理内容	①建立现场使用计量器具台账。 ②负责现场使用计量器具周期送检。 ③负责现场使用计量器具的完好状态。
计量器具所处状态	合格：为周检或一次性检定能满足质量检测、检验和试验要求的精度。 禁用：经检定不合格或使用中严重损坏、缺损的。 封存：根据使用频率及生产经营情况，暂停使用的。
计量器具使用人员的要求	经过培训并具有相应资格。

真题演练

一、单选题

1.［2019年］关于A类计量器具的管理办法，正确的是（　　）。

A.送法定计量检定机构定期检查

B.由所属企业计量管理部门校正

C.经检查及验证合格后可以使用

D.用检定合格仪表直接对比核准

【答案】A。

2.［2018年］按施工计量器具使用的管理规定，不属于企事业单位计量标准器具使用必备条件的是（　　）。

A.取得ISO 9000体系认证

B.具有正常工作所需要的环境条件

C.具有称职的保存、维护、使用人员

D.经计量检定合格

【答案】A。

二、实务操作与案例分析题

（一）［2019年·节选］

背景资料：

事件一：现场作业人员使用的经纬仪检定合格证超过有效期，电气试验人员使用的兆欧表检定合格证丢失，项目部计量管理员对施工使用的计量器具没有进行跟踪管理。

问题：

事件一中，项目部计量管理员的管理是否合格？简述项目部计量管理员的工作内容。

参考答案：

事件一中，项目部计量管理员的管理不合格。项目经理部必须设专（兼）职计量管理员对施工使用的计量器具进行现场跟踪管理。

项目部计量管理员的工作内容如下：①建立现场使用计量器具台账；②负责现场使用计量器具周期送检；③负责现场巡视计量器具的完好状态。

（二）[2019年·节选]

背景资料：

B公司按施工组织设计配置的计量器具有：钢直尺、10 m钢卷尺、直角尺等，并自制了样板和样杆，满足了油罐本体及金属结构的制作安装质量控制要求。

问题：

自制的样板属于哪类的计量器具？使用前应经过哪些工序确认？

参考答案：

自制的样板属于非标准计量器具，即C类计量器具。

自制的样板使用前应经过的工序：由现场质量检查员和专业技术人员按有关要求加以检验，并做好检验记录，记录交工程项目部计量管理员保存，随竣工资料归档。

1.2 建设用电及施工的相关规定

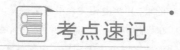 考点速记

一、建设用电的规定

建造师在施工过程中违规用电的行为	①擅自改变用电类别。 ②擅自超过合同约定的容量用电。 ③擅自超过计划分配的用电指标。 ④擅自使用已经在供电企业办理暂停使用手续的电力设备,或者擅自启用已经被供电企业查封的电力设备。 ⑤擅自迁移、更动或者擅自操作供电企业的用电计量装置、电力负荷控制装置、供电设施以及约定由供电企业调度的用户受电设备。 ⑥未经供电企业许可,擅自引入、供出电源或者将自备电源擅自并网。
临时用电准用程序	编制施工现场"临时用电施工组织设计",向电信部门进行方案申报→按照批复方案及相关规范规定进行临时用电设备、材料的采购和施工→对临时用电施工项目进行检查、验收,向供电部门提供资料,申请送电→经供电部门检查、验收和试验,同意送电后开通。
临时用电施工组织设计的主要内容	①现场勘测。 ②确定电源进线、变电所或配电室、配电装置、用电设备位置及线路走向。 ③进行负荷计算。 ④选择变压器。 ⑤设计配电系统(设计配电线路,选择导线或电缆;设计配电装置,选择电器;设计接地装置;绘制临时用电工程图纸,主要包括用电工程总平面图、配电装置布置图、配电系统接线图、接地装置设计图)。 ⑥设计防雷装置。 ⑦确定防护措施。 ⑧制定安全用电措施和电气防火措施。 **注:**①临时用电应编制临时用电施工组织设计或安全用电技术措施和电气防火措施。②临时用电施工组织设计应由电气技术人员编制,项目部技术负责人审核,主管部门批准后实施。
临时用电工程检查内容	架空线路、电缆线路、室内配线、照明装置、配电室与自备电源、各种配电箱及开关箱、配电线路、变压器、电气设备安装、电气设备调试、接地与防雷、电气防护等。

（续表）

临时用电的检查验收	①临时用电工程必须由持证电工施工。临时用电工程安装完毕后，由安全部门组织检查验收，参加人员有主管临时用电安全的项目部领导、有关技术人员、施工现场主管人员、临时用电施工组织设计编制人员、电工班长及安全员。必要时请主管部门代表和业主的代表参加。 ②检查情况应做好记录，并要由相关人员签字确认。 ③临时用电工程应定期检查。施工现场每月一次，基层公司每季度一次。 ④临时用电安全技术档案应由主管现场的电气技术人员建立与管理。
临时用电安全技术要求	①临时用电工程专用的电源中性点直接接地的 220 V/380 V 三相四线制低压电力系统，必须符合下列规定：采用三级配电系统，采用 TN-S 接零保护系统，采用二级漏电保护系统。 ②在施工现场专用变压器供电的 TN-S 接零保护系统中，电气设备的金属外壳必须与保护零线 PE 连接。 ③当施工现场与外电线路共用同一供电系统时，电气设备的接地、接零保护必须与原系统一致。 ④PE 线材质与相线应相同，其最小截面应符合的规定（相线芯线截面用 S 表示，单位为 mm^2）： 当 $S \leq 16$ 时，PE 线最小截面为 S； 当 $16 < S \leq 35$ 时，PE 线最小截面为 16； 当 $S > 35$ 时，PE 线最小截面为 $S/2$。 ⑤PE 线上严禁装设开关或熔断器，严禁通过工作电流，且严禁断线。 ⑥TN-S 系统中，PE 线必须在配电室、总配电箱等处重复接地，接地电阻应 $\leq 10\ \Omega$。 ⑦配电箱的电器安装板上必须分设 N 线端子板和 PE 线端子板。N 线端子板必须与金属电器安装板绝缘，PE 线端子板必须与金属电器安装板做电气连接。 ⑧两级漏电保护器的额定动作电流和额定动作时间应作合理配合，使之具有分级分段保护功能。末级开关箱的漏电开关的额定动作电流不应 $\leq 30\ mA$，额定动作时间应 $\leq 0.1\ s$。 ⑨电缆线路应采用埋地或架空敷设，严禁沿地面明设，并应避免机械损伤和介质腐蚀。埋地电缆路径应设方位标志。

二、电力设施保护区施工作业的规定

电力设施保护主体	电力管理部门、公安部门、电力企业。
电力线路设施的保护范围	①架空电力线路：杆塔、基础、拉线、接地装置、导线、避雷线、金具、绝缘子、登杆塔的爬梯和脚钉，导线跨越航道的保护设施，巡（保）线站，巡视检修专用道路、船舶和桥梁，标志牌及其有关辅助设施。 ②电力电缆线路：架空、地下、水底电力电缆和电缆联结装置，电缆管道、电缆隧道、电缆沟、电缆桥，电缆井、盖板、人孔、标石、水线标志牌及其有关辅助设施。 ③电力线路上的电器设备：变压器、电容器、电抗器、断路器、隔离开关、避雷器、互感器、熔断器、计量仪表装置、配电室、箱式变电站及其有关辅助设施。 ④电力调度设施：电力调度场所、电力调度通信设施、电网调度自动化设施、电网运行控制设施。

真题演练

单选题

1.[2019年]建立与管理项目临时用电安全技术档案的是主管现场的( )。

A.安全员   B.项目负责人

C.资料员   D.电气技术员

【答案】D。

2.[2018年]临时用电施工组织设计的主要内容不包括( )。

A.确定电源进线的位置及线路走向

B.绘制施工机械平面布置图

C.制定电气防火措施

D.进行负荷计算

【答案】B。

1.3　特种设备的相关规定

考点速记

一、特种设备的法定范围

特种设备的种类	①锅炉:由锅炉本体、锅炉范围内管道、锅炉安全附件和仪表、锅炉辅助设备及系统组成。 A级锅炉(按照额定工作压力p值范围):超临界锅炉、亚临界锅炉、超高压锅炉、高压锅炉、次高压锅炉、中压锅炉。 B级锅炉(按照额定工作压力p值范围、额定出水温度t及额定热功率Q):蒸汽锅炉、热水锅炉、气相(液相)有机载体锅炉。 C级锅炉(按照额定工作压力p值范围、额定出水温度t、额定热功率Q及设计正常水位水容积V):蒸汽锅炉、热水锅炉、气相(液相)有机载体锅炉。 D级锅炉(按照额定工作压力p值范围、额定出水温度t、额定热功率Q、设计正常水位水容积V、额定蒸发量D):蒸汽锅炉、热水锅炉、气相(液相)有机载体锅炉。 ②压力容器:由压力容器本体、安全附件及仪表组成。 固定式压力容器:超高压容器、第三类压力容器、第二类压力容器、第一类压力容器。 移动式压力容器:铁路罐车、汽车罐车、长管拖车、罐式集装箱、管束式集装箱。 气瓶:无缝气瓶、焊接气瓶、特种气瓶。 氧舱:医用氧舱、高压气舱。 **注**:根据危险程度,《固定式压力容器安全技术监察规程》(TSG 21—2016)适用范围内的压力容器划分为Ⅰ、Ⅱ、Ⅲ类等同于上述第一、二、三类压力容器,其中超高压容器划分为第Ⅲ类压力容器。 ③压力管道:由管道组成件、管道支撑件、连接接头、管道安全保护装置组成。 长输管道:输油管道、输气管道。 公用管道:燃气管道、热力管道。 工业管道:工艺管道、制冷管道、动力管道。 ④电梯:包括载人(货)电梯、自动扶梯、自动人行道等。 曳引与强制驱动电梯:曳引驱动乘客电梯、曳引驱动载货电梯、强制驱动载货电梯。 液压驱动电梯:液压乘客电梯、液压载货电梯。 自动扶梯与自动人行道:自动扶梯、自动人行道。 其他类型电梯:防爆电梯、消防员电梯、杂物电梯。 ⑤起重机械: 桥式起重机:通用桥式起重机、防爆桥式起动机、绝缘桥式起重机等。 门式起重机:通用门式起重机、防爆门式起重机、轨道式集装箱门式启动机等。 塔式起重机:普通塔式起重机、电站塔式起重机。 升降机:施工升降机、易升降机。

二、特种设备制造、安装改造及维修的规定

特种设备生产许可制度强制性要求	①国家按照分类监督管理的原则对特种设备生产（包括设计、制造、安装、改造、修理）实行许可制度。特种设备生产单位应当经过负责特种设备安全监督管理的部门许可，方可从事生产活动。 ②锅炉、气瓶、氧舱、客运索道、大型游乐设施的设计文件，应当经负责特种设备安全监督管理的部门核准的检验机构鉴定，方可用于制造。 ③移动式压力容器、气瓶充装单位应当经省、自治区、直辖市的特种设备安全监督管理部门许可，方可从事充装活动。
《特种设备安全监察条例》相关要求	①压力容器的设计单位应当经国务院特种设备安全监督管理部门许可，方可从事压力容器的设计活动。 ②锅炉、压力容器中的气瓶、氧舱和客运索道、大型游乐设施以及高耗能特种设备的设计文件，应当经国务院特种设备安全监督管理部门核准的检验检测机构鉴定，方可用于制造。 ③锅炉、压力容器、电梯、起重机械、客运索道、大型游乐设施及其安全附件、安全保护装置的制造、安装、改造单位，以及压力管道元件（管子、管件、阀门、法兰、补偿器、安全保护装置等）的制造单位和场（厂）内专用机动车辆的制造、改造单位，应当经国务院特种设备安全监督管理部门许可，方可从事相应的活动。 ④锅炉、压力容器、电梯、起重机械、客运索道、大型游乐设施、场（厂）内专用机动车辆的修理单位，应当有与特种设备修理相适应的专业技术人员和技术工人以及必要的检测手段，并经省、自治区、直辖市特种设备安全监督管理部门许可，方可从事相应的修理活动。 ⑤锅炉、压力容器、起重机械、客运索道、大型游乐设施的安装、改造、维修以及场（厂）内专用机动车辆的改造、维修，必须由依照本条例取得许可的单位进行。 ⑥电梯的安装、改造、维修，必须由电梯制造单位或者其通过合同委托、同意的依照本条例取得许可的单位进行。电梯制造单位对电梯质量以及安全运行涉及的质量问题负责。 ⑦国务院特种设备安全监督管理部门可以授权省、自治区、直辖市特种设备安全监督管理部门负责规定的特种设备行政许可工作，具体办法由国务院特种设备安全监督管理部门制定。
特种设备安装、改造、修理的开工告知	特种设备安装、改造、修理的施工单位应当在施工前将拟进行的特种设备安装、改造、修理情况书面告知直辖市或者设区的市级人民政府负责特种设备安全监督管理的部门。
告知的注意事项	①特种设备安全监督管理部门应公布接收告知机构的地址、邮编、电话、传真或电子邮件及联系人姓名。 ②特种设备安全监督管理部门应建立施工单位网上告知的平台，采取网上方式接收告知。施工单位按照规定的内容、方式、程序办理施工告知后，即可施工。 ③长输管道安装告知：承担跨省长输管道安装的安装单位，应当向国家质检总局履行告知手续；承担省内跨市长输管道安装的安装单位，应当向省级质量技术监督部门履行告知手续。

（续表）

未经许可从事特种设备生产活动的法律责任及处罚	①违反《特种设备安全法》规定，未经许可从事特种设备生产活动的，责令停止生产，没收违法制造的特种设备，处10万元以上50万元以下罚款。 ②有违法所得的，没收违法所得。 ③经实施安装、改造、修理的，责令恢复原状或者责令限期由取得许可的单位重新安装、改造、修理。
特种设备生产单位违反《特种设备安全法》规定的法律责任及行政处罚	①违反《特种设备安全法》规定，特种设备生产单位有下列行为之一的： a.不再具备生产条件、生产许可证已经过期或者超出许可范围生产的。 b.明知特种设备存在同一性缺陷，未立即停止生产并召回的。应负的法律责任及行政处罚：责令限期改正；逾期未改正的，责令停止生产，处5万元以上50万元以下罚款；情节严重的，吊销生产许可证。 ②特种设备生产单位涂改、倒卖、出租、出借生产许可证的，责令停止生产，处5万元以上50万元以下罚款；情节严重的，吊销生产许可证。

真题演练

单选题

[2019年]关于GC类压力管道安装前要求的说法，错误的是（　　　　）。

A.施工方案需发包方批准

B.发电子邮件履行告知手续

C.应向省级质量技术监督部门告知

D.焊工应持有《特种设备作业人员》

【答案】C。

第二章 机电工程项目施工相关标准

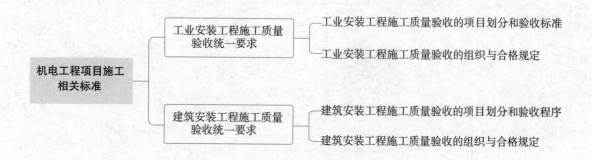

考情速览

考点	历年考点分值分布				
	2019年	2018年	2017年	2016年	2015年
工业安装工程施工质量验收统一要求	1	6	1	1	6
建筑安装工程施工质量验收统一要求	1	1	1	1	1

2.1 工业安装工程施工质量验收统一要求

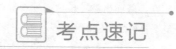

考点速记

一、工业安装工程施工质量验收的项目划分和验收标准

工业安装工程施工质量验收的划分	①单位工程:按照区域、装置或工业厂房、车间(工号)进行划分。 **注**:某些专业安装工程若具有独立施工条件或使用功能时,允许单独划分为一个或若干个子单位工程,如工程量大、施工工期长的大型裂解炉、汽轮机等设备工程。 ②分部工程:应按土建、钢结构、设备、管道、电气、自动化仪表、防腐蚀、绝热和炉窑砌筑专业划分。 **注**:较大的分部工程可划分为若干个子分部工程。 ③分项工程:以台(套)机组(如设备、电气装置等)、类别、材质、用途、系统(如自动化仪表工程中各系统)、工序等进行划分,是综合了各专业分项工程划分的常规做法。 **注**:①当一个单位工程中仅有某一专业分部工程时,该分部工程应为单位工程。②当一个分部工程中仅有一个分项工程时,该分项工程应为分部工程。当一个单位工程中仅有某一专业分部工程,系指以该专业工程为主体,且工程量大、施工周期长的分部工程,如装置区内、外的管廊工程、地下管网工程等,可作为单位工程进行验收,以利于工程质量管理。

二、工业安装工程施工质量验收的组织与合格规定

工业安装工程施工质量验收的基本规定	①工程项目相关方应有健全的质量管理体系。 **注**:质量管理的基本依据是GB/T 19000族质量管理体系标准。 ②工程施工质量应符合设计文件的要求。 ③施工相关方现场应有相应的施工技术标准。 ④工业安装工程施工项目应有施工组织设计和施工技术方案,并应经审核批准。 **注**:施工现场应有按程序审批的施工组织设计和施工技术方案。对涉及结构安全和人身安全的内容,应有明确的规定和相应的措施。 ⑤工业安装工程施工质量的检验应符合下列规定: a.工程采用的设备、材料和半成品应按各专业工程设计要求及施工质量验收标准进行检验。 b.各专业工程应根据相应的施工标准对施工过程进行质量控制,并应按工序进行质量检验。 c.相关专业之间应进行施工工序交接检验,并应形成记录。 d.各专业工程应根据相应的施工标准进行最终检验和试验。

（续表）

工业安装工程施工质量验收的基本规定	⑥参加工程施工质量验收的各方人员均应具有相应的资格。 ⑦工程施工质量的验收应在施工单位自行检验合格的基础上进行。施工单位的自行检查记录是与建设单位（监理单位）共同验收的基础。 ⑧隐蔽工程应在隐蔽前由施工单位通知有关单位进行验收，并应形成验收文件。未经检查验收或检验不合格的，不得进入下一道工序。 ⑨为了突出过程控制和质量检查验收的重点内容，检验项目的质量应按主控项目和一般项目进行检验和验收。
工业安装工程施工质量的验收	①工业安装工程施工质量验收应按检验项目（检验批）、分项工程、分部工程、单位工程顺序逐级进行验收。 ②检验项目（检验批）、分项工程（施工单位自检合格后）由施工单位（总承包单位）向建设单位（监理单位）提出报验申请，由建设单位专业工程师（监理工程师）组织施工单位（总承包单位）项目专业工程师进行验收，并应填写验收记录。 ③分部工程（各分项工程验收合格后）由施工单位（总承包单位）向建设单位（监理单位）提出报验申请，由建设单位质量技术负责人（总监理工程师）组织监理、设计、施工等有关单位质量技术负责人进行验收，并应填写验收记录。 ④单位（子单位）工程（各分部工程验收合格后）由施工单位（总承包单位）向监理（建设）单位提出报验申请，由建设单位项目负责人组织监理、设计、施工单位等项目负责人及质量技术负责人进行验收，并应填写验收记录。 ⑤当工程由分包单位施工时，其总承包单位应对工程质量全面负责，并由总承包单位报验。
检验项目质量验收合格的规定	①主控项目的施工质量应符合相应专业施工质量验收标准的规定。 ②一般项目每项抽检处（抽样）的施工质量应符合相应专业施工质量验收标准的规定。 ③应具有完整施工依据、施工记录及质量检查、检验和试验记录。
检验批质量验收合格的规定	检验批符合合格质量规定并且质量控制资料应齐全。
分项工程质量验收合格的规定	①分项工程所含的检验项目（检验批）均应符合合格质量的规定。 ②分项工程的质量控制资料应齐全。
分部工程（子分部）质量验收合格的规定	①分部（子分部）工程所含分项工程的质量应全部合格。 ②分部（子分部）工程的质量控制资料应齐全。
单位（子单位）工程质量验收合格的规定	①单位（子单位）工程所含分部工程的质量应全部合格。 ②单位（子单位）工程的质量控制资料应齐全。

（续表）

检验项目（检验批）的质量不符合相应专业质量验收标准规定的处理	①经返工或返修的检验项目（检验批），应重新进行验收。 ②经有资质的检测机构检测鉴定能够达到设计要求的检验项目（检验批），应予以验收。 ③经有资质的检测机构检测鉴定达不到设计要求，但经原设计单位核算认可能够满足安全和使用功能的检验项目（检验批），可予以验收。 ④经返修或加固处理的分项、分部（子分部）工程，虽然改变了几何尺寸但仍能满足安全和使用要求，可按技术处理方案和协商文件的要求予以验收。
检验项目工程质量不符合相应专业工程质量验收规范规定的处理	①一般情况下，不合格的检验项目应通过对工序质量的过程控制，及时发现和返工处理达到合格要求。 ②对于难以返工又难以确定质量的部位，由有资质的检测单位检测鉴定，其结论可以作为质量验收的依据。 ③不合格的项目返修，是一种补救措施。按技术处理方案和协商文件进行验收，是为了保证工程的安全使用性能，同时避免更大的损失。 ④返工和返修的术语按现行国家标准《质量管理体系基础和术语》（GB/T 19000—2016）的规定。

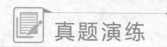 真题演练

一、单选题

［2017年］经过返修加固处理的分项工程，外形尺寸增大仍能满足安全使用要求的可以（   ）。

A.降级验收 　　　　　B.协商验收 　　　　　C.鉴定验收 　　　　　D.核算验收

【答案】B。

二、实务操作与案例分析题

（一）［2018年·节选］

背景资料：

电气施工班组按照电缆敷设的施工程序完工并经检查合格后，在各回路电缆装设标志牌，进行了质量验收。

问题：

电缆敷设分项工程质量验收合格规定有哪些？

参考答案：

电缆敷设分项工程质量验收合格的规定：分项工程所含的检验项目均应符合合格质量的规定，分项工程的质量控制资料应齐全。

2.2 建筑安装工程施工质量验收统一要求

考点速记

一、建筑安装工程施工质量验收的项目划分和验收程序

建筑工程项目划分	①单位工程:具备独立施工条件并能形成独立使用功能的建筑物及构筑物为一个单位工程。对于规模较大的单位工程,可将其中能形成独立使用功能的部分定为一个子单位工程。 ②分部工程:按专业性质、工程部位确定。当分部工程较大或较复杂时,可按材料种类、施工特点、施工程序、专业系统及类别将分部工程划分为若干子分部工程。 ③分项工程:按主要工种、材料、施工工艺、用途、种类及设备类别进行划分。分项工程可由一个或若干检验批组成。 ④检验批:根据施工及质量控制和专业验收需要,按工程量、楼层、施工段、变形缝进行划分。
建筑安装工程施工质量验收程序	检验批验收→分项工程验收→分部(子分部)工程验收→单位(子单位)工程验收。 ①检验批:施工单位自检合格→提交监理工程师或建设单位负责人组织验收。 ②分项工程:施工单位自检合格→提交监理工程师或建设单位负责人组织验收。 ③分部(子分部)工程:施工单位项目负责人组织检验评定合格→向监理单位或建设单位负责人提出分部(子分部)工程的验收报告。 ④单位(子单位)工程:施工单位自检自评,填写竣工验收报验单→向建设单位提交竣工验收报告,提请建设单位组织竣工验收。 **注**:①分包单位对承建的项目进行检验时,总包单位应参加,检验合格后,分包单位应将工程的有关资料移交总包单位,待建设单位组织单位工程质量验收时,分包单位负责人应参加验收。②当参加验收各方对工程质量验收意见不一致时,可请当地建设行政主管部门或工程质量监督机构协调处理。③单位工程质量验收合格后,建设单位应在规定时间内将工程竣工验收报告和有关文件,报建设行政管理部门备案。

二、建筑安装工程施工质量验收的组织与合格规定

建筑安装工程施工质量验收的组织	①检验批、分项工程:由专业监理工程师或建设单位项目负责人分别组织施工单位专业质量检查员、专业工长、项目专业技术负责人等进行验收。 ②分部(子分部)工程:由监理单位总监理工程师或建设单位项目负责人组织施工单位项目负责人和技术、质量负责人等进行验收;地基与基础、主体结构分部工程的勘察、设计单位项目负责人和施工单位技术、质量部门负责人也应参加相关分部工程验收。 ③单位(子单位)工程:由建设单位负责人组织施工(含分包单位)、设计、监理等单位负责人进行竣工验收。
施工质量验收合格的规定	①检验批: a.主控项目和一般项目的质量经抽样检验合格。 b.具有完整的施工操作依据、质量检查记录。 ②分项工程: a.分项工程所含的检验批质量均应验收合格。 b.分项工程所含检验批的质量验收记录应完整。 ③分部(子分部)工程: a.分部(子分部)工程所含分项工程的质量均应验收合格。 b.质量控制资料应完整。 c.设备安装工程有关安全、节能、环境保护和主要使用功能的抽样检测结果应符合相应规定。 d.观感质量验收应符合要求。 ③单位(子单位)工程: a.单位(子单位)工程所含分部(子分部)工程的质量均应验收合格。 b.质量控制资料应完整。 c.单位(子单位)工程所含分部工程的有关安全、节能、环境保护和主要使用功能的检测资料应完整。 d.主要功能项目的抽查结果应符合相关专业质量验收规范的规定。 e.观感质量验收应符合要求。 **注**:单位工程质量验收也称工程质量竣工验收,是建筑安装工程投入使用前的最后一次验收,也是最重要的一次验收。验收合格的条件除构成单位工程的各分部工程应该合格,并且有关的资料文件应完整合格以外,还应进行以下三个方面的检查。 ①涉及安全、节能、环境保护和使用功能的分部工程应进行检验资料的复查。不仅要全面检查其完整性(不得有漏项缺项),而且对分部工程验收时补充进行的见证抽样检验报告也要复核。 ②对主要使用功能还须进行抽查。 ③由参加验收的各方人员共同进行观感质量检查,共同决定是否通过验收。

（续表）

建筑安装工程质量验收评定不符合要求时的处理办法	①检验批不符合检验规定的要求时,应及时进行处理。其中,严重的缺陷应推倒重来;一般的缺陷通过翻修或更换器具、设备予以解决。经返工重做或更换器具、设备的检验批,应重新进行验收。如验收符合相应的专业工程质量验收规范,则应认为该检验批合格。 ②个别检验批的某些性能(如混凝土试块的强度)等不满足要求时,难以确定是否验收时,应请有资质的法定检测单位检测。当鉴定结果能够达到设计要求时,该检验批仍应认为通过验收。 ③由于规范标准给出了满足安全和功能的最低限定要求,而设计往往在此基础上留有一些余量。如经检测鉴定达不到设计要求,但经原设计单位核算,仍能满足结构安全和使用功能的情况,该检验批可以予以验收。 ④更为严重的缺陷,可能影响结构的安全性和功能性,若经法定检测单位检测鉴定以后认为达不到规范标准的相应要求,即不能满足最低限度的安全储备和使用功能,则必须按一定的技术方案进行加固处理,使之能保证其满足安全使用的基本要求。这样会造成一些永久性的缺陷,如改变结构外形尺寸,影响一些次要的使用功能等。为了避免社会财富更大的损失,在不影响安全和主要使用功能条件下可按技术处理方案和协商文件进行验收。 ⑤工程质量不符合要求,通过返修和加固仍不能满足安全使用要求的,严禁验收。

真题演练

单选题

1.［2019年］建筑安装分项工程质量验收的组织人员是(　　)。

A.建设单位项目负责人　　　　　　　　　B.施工单位项目负责人

C.施工单位技术负责人　　　　　　　　　D.监理单位监理工程师

【答案】D。

2.［2017年］关于工程质量竣工验收中检查的说法,错误的是(　　)。

A.设计使用功能的分部工程应进行检验资料的复查

B.分部工程验收时补充的见证抽样检验报告要复核

C.安全检查是对设备安装工程最终质量的综合检验

D.参加验收的各方人员共同决定观感质量是否通过验收

【答案】C。

第三章 二级建造师（机电工程）注册执业管理规定及相关要求

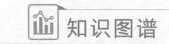

二级建造师（机电工程）注册执业管理规定及相关要求

├── 二级建造师（机电工程）注册执业工程规模标准

├── 二级建造师（机电工程）注册执业工程范围

└── 二级建造师（机电工程）施工管理签章文件目录

考情速览

考点	历年考点分值分布				
	2019年	2018年	2017年	2016年	2015年
二级建造师（机电工程）注册执业管理规定及相关要求	0	0	0	2	2

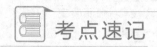 考点速记

一、二级建造师（机电工程）注册执业工程规模标准

二级建造师（机电工程）注册执业工程规模标准	机电工程项目的工程规模标准分别按机电安装工程、石油化工工程、冶炼工程、电力工程四个专业系列设置。 一级注册建造师→大、中、小型工程施工项目； 二级注册建造师→中小型工程施工项目。

二、二级建造师（机电工程）注册执业工程范围

机电安装工程范围	一般工业、民用、公用机电安装工程、净化工程、动力站安装工程、起重设备安装工程、消防工程、轻纺工业建设工程、工业炉窑安装工程、电子工程、环保工程、体育场馆工程、机械汽车制造工程、森林工业建设工程等。
石油化工工程范围	石油天然气建设（油田、气田地面建设工程）、海洋石油工程、石油天然气建设（原油、成品油储库工程，天然气储库、地下储气库工程）、石油天然气原油、成品油储库工程，天然气储库、地下储气库工程、石油炼制工程、石油深加工、有机化工、无机化工、化工医药工程、化纤工程。
冶炼工程范围	烧结球团工程、焦化工程、冶金工程、制氧工程、煤气工程、建材工程。
电力工程	火电工程（含燃气发电机组）、送变电工程、核电工程、风电工程。

三、二级建造师（机电工程）施工管理签章文件目录

施工组织管理文件	图纸会审、设计变更联系单；施工组织设计报审表；主要施工方案、吊装方案、临时用电方案的报审表；劳动力计划表；特殊或特种作业人员资格审查表；关键或特殊过程人员资格审查表；工程开工报告；工程延期报告；工程停工报告；工程复工报告；工程竣工报告；工程交工验收报告；建设、监理、政府监管单位、外部协调单位联系单；工程一切险委托书。
合同管理文件	分包单位资质报审表；工程分包合同；劳务分包合同；材料采购总计划表；工程设备采购总计划表；工程设备、关键材料招标书和中标书；合同变更和索赔申请报告。
施工进度管理文件	总进度计划报批表；分部工程进度计划报批表；单位工程进度计划报审表；分包工程进度计划批准表。

（续表）

质量管理文件	单位工程竣工验收报验表;单位(子单位)工程安全和功能检验资料核查及主要功能抽查记录;单位(子单位)工程观感质量检查记录表;主要隐蔽工程质量验收记录;单位和分部工程及隐蔽工程质量验收记录的签证与审核;单位工程质量预验(复验)收记录;单位工程质量验收记录;中间交工验收报告;质量事故调查处理报告;工程资料移交清单;工程质量保证书;工程试运行验收报告。
安全管理文件	工程项目安全生产责任书;分包安全管理协议书;施工安全技术措施报审表;施工现场消防重点部位报审表;施工现场临时用电、用火申请书;大型施工机具检验、使用检查表;施工现场安全检查监督报告;安全事故应急预案、安全隐患通知书;施工现场安全事故上报、调查、处理报告。
现场环保文明施工管理文件	施工环境保护措施及管理方案报审表;施工现场文明施工措施报批表。
成本费用管理文件	工程款支付报告;工程变更费用报告;费用索赔申请表;费用变更申请表;月工程进度款报告;工程经济纠纷处理备案表;阶段经济分析的审核;债权债务总表;有关的工程经济纠纷处理;竣工结算申报表;工程保险(人身、设备、运输等)申报表;工程结算审计表。

第一部分 技术模块

一、时间类

1.min

1 min	高压试验结束后，应对直流试验设备及大电容的被测试设备多次放电，放电时间＞1min。
	电气设备做直流耐压试验时，试验电压按每级0.5倍额定电压分阶段升高，每阶段停留1min，并记录泄漏电流。
2 min	风机盘管机组安装前宜进行风机三速试运转及盘管水压试验。试验压力应为系统工作压力的1.5倍，试验观察时间应为2min。
5 min	阀门壳体的压力试验和密封试验持续时间≥5min。
	工业管道吹扫过程中，当目测排气无烟尘时，应在排气口设置贴有白布或涂刷白色涂料的木制靶板检验，吹扫5min后靶板上无铁锈、尘土、水分及其他杂物为合格。
	电动机的启动次数不宜过于频繁，连续启动2次的时间间隔应≥5min，并应在电动机冷却至常温下进行再次启动。
10 min	工业管道泄漏性试验应逐级缓慢升压，当达到试验压力，并且停压10min后，采用涂刷中性发泡剂等方法，巡回检查相关密封点应无泄漏。
15 min	质量＞10kg的灯具的固定及悬吊装置应按灯具重量的5倍做恒定均布载荷强度试验，持续时间≥15min。
30 min	搅拌好的耐火浇注料，应在30min内浇注完成。

2.h

1 h	汽轮机的转子吊装应使用由制造厂提供并具备出厂试验证书的专用横梁和吊索，否则应进行200%的工作负荷试验（时间为1h）。
2 h	电动机空载试运行时间宜为2h。
4 h	电缆应在切断后4h之内进行封头。
8 h	对于工业管道，油清洗应采用循环的方式进行。每8h应在40~70℃内反复升降油温2~3次，并及时更换或清洗滤芯。
	空调通风系统的连续试运行时间应≥2h，空调系统带冷（热）源的连续试运行时间应≥8h。
	轿厢分别在空载、额定载荷工况下，按产品设计规定的每小时启动次数和负载持续率各运行1 000次（每天不少于8h），电梯应运行平稳、制动可靠、连续运行无故障。

（续表）

12 h	锅炉蒸汽管路吹洗过程中,至少有一次停炉冷却(时间12 h以上),以提高吹洗效果。
24 h	对有延迟裂纹倾向的接头(如:低合金高强钢、铬钼合金钢),无损检测应在焊接完成24 h后进行。
	工业管道真空度试验:真空系统在压力试验合格后,还应按设计文件规定进行24 h的真空度试验。
	自动化仪表设备由温度低于-5 ℃的环境移入保温库时,应在库内放置24 h后再开箱。
	净化空调系统的检测和调整应在系统正常运行24 h及以上,达到稳定后进行。
	广播系统扬声器检测:系统调试持续加电时间应≥24 h。
48 h	自动化仪表工程连续48 h开通投入运行正常后,即具备交接验收条件。

3.年

1年	自动化仪表设备及材料在安装前的保管期限应≤1年。
3年	焊接工艺评定报告、焊接工艺规程、施焊记录及焊工的识别标记,应保存3年。

二、数值类

1.mm

(1)单个数值

0.1 mm	水泥杆按规定检查时,不应出现纵向裂纹,横向裂纹的宽度应≤0.1 mm。
0.5 mm	相邻安装基准点高差应在0.5 mm以内。
	风力发电设备的塔筒就位紧固后塔筒法兰内侧的间隙应<0.5 mm。
	矫正后的钢材表面,不应有明显的凹面或损伤,划痕深度≤min{0.5 mm,钢材厚度允许负偏差的1/2}。
1 mm	钢结构制作:钢材切割面应无裂纹、夹渣、分层等缺陷和大于1 mm的缺棱。
1.2 mm	一般板厚≤1.2 mm的金属板材采用咬口连接。
1.5 mm	光伏发电设备的汇流箱安装垂直度偏差应<1.5 mm。
	板厚>1.5 mm的风管采用电焊、氩弧焊等方法。
2 mm	垫铁的厚度宜≥2 mm。
	钢制管道安装:法兰平面之间应保持平行,其偏差≤min{法兰外径的0.15%,2 mm}。
3 mm	螺栓连接的母线两外侧均应有平垫圈,相邻螺栓垫圈间应有3 mm以上的净距。
4 mm	当装有接闪杆的金属筒体的厚度≥4 mm时,可作为接闪杆的引下线,筒体底部应有两处与接地体连接。

（续表）

10 mm	成套配电设备的基础型钢露出最终地面高度宜为 10 mm。
	瓷横担直立安装时，顶端顺线路歪斜度应≤10 mm。
	光伏发电设备的逆变器基础型钢其顶部应高出抹平地面 10 mm 并有可靠的接地。
19 mm	非合金钢管道壁厚＞19 mm 时，应进行焊后消除应力热处理。
20 mm	桅杆的直线度偏差应≤长度的 1/1 000，总长偏差应≤20 mm。
22 mm	铜管连接可采用专用接头或焊接，当管径＜22 mm 时，宜采用承插或套管焊接，承口应迎介质流向安装；当管径≥22 mm 时，宜采用对口焊接。
50 mm	焊接坡口清理：铝及铝合金焊接坡口及其附近各 50 mm 处采用化学方法或机械方法去除表面氧化膜。
	当防潮层采用聚氨酯或聚氯乙烯卷材施工时，卷材的环向、纵向接缝搭接宽度应≥50 mm，或应符合产品使用说明书的要求。
	当采用阻燃型防水卷材及涂膜弹性体作保护层时，卷材包扎的环向、纵向接缝的搭接尺寸应≥50 mm。
100 mm	绝热层施工时，同层应错缝，上下层应压缝，其搭接的长度宜≥100 mm。
	多层绝热层伸缩缝的留设：中、低温保温层的各层伸缩缝，可不错开；保冷层及高温保温层的各层伸缩缝，必须错开，错开距离应＞100 mm。
	建筑管道：①管径≤100 mm 的镀锌钢管宜用螺纹连接，多用于明装管道；②沟槽连接（卡箍连接）可用于消防水、空调冷热水、给水、雨水等系统直径≥100 mm 的镀锌钢管连接。
200 mm	流动式起重机提升的最小高度应使设备底部与基础或地脚螺栓顶部至少保持 200 mm 的安全距离。
	防火分区隔墙两侧的防火阀，与墙表面的距离应≤200 mm。
500 mm	流动式起重机：①吊臂与设备外部附件的安全距离应≥500 mm；②起重机、设备与周围设施的安全距离应≥500 mm。
	横干管穿越防火分区隔墙时，管道穿越墙体的两侧应设置防火圈或长度≥500 mm 的防火套管。
	埋入地下的电缆排管顶部至地面的距离应不小于以下数值：人行道为 500 mm；一般地区为 700 mm。
600 mm	焊接后目视检测：对于直接目视检测，在待检表面 600 mm 之内，应提供人眼足够观察的空间，且检测视角≥30°。
	①公称直径≥600 mm 的液体或气体管道，宜采用人工清理。②公称直径＜600 mm 的液体管道宜采用水冲洗。③公称直径＜600 mm 的气体管道宜采用压缩空气吹扫。
800 mm	洁净空调工程的矩形风管边长≤800 mm 时，不得有纵向接缝。
1 000 mm	相邻两组垫铁间的距离，宜为 500~1 000 mm。

（2）多个数值的组合

试扣空缸	试扣空缸要求在自由状态下0.05 mm塞尺不入；紧1/3螺栓后，从内外检查0.03 mm塞尺不入。
设备位移监测	管道系统与动设备最终连接时，应在联轴器上架设百分表监视动设备的位移。当动设备额定转速＞6 000 r/min时，其位移值应＜0.02 mm；当额定转速≤6 000 r/min时，其位移值应＜0.05 mm。
配电柜安装	配电柜安装垂直度允许偏差为1.5‰，相互间接缝应≤2 mm，成列柜面偏差应≤5 mm。
拼缝宽度	对于硬质或半硬质绝热制品，当作为保温层时，拼缝宽度应≤5 mm；当作为保冷层时，拼缝宽度应≤2 mm。
焊接坡口清理	非合金钢压力容器焊接坡口及其附近（焊条电弧焊时，每侧约10 mm处；埋弧焊、等离子弧焊、气体保护焊每侧各20 mm），应将水、锈、油污、积渣和其他有害杂质清理干净。
伸缩缝留设的宽度	绝热层伸缩缝留设的宽度，设备宜为25 mm，管道宜为20 mm。
电缆埋地敷设	电缆敷设后，上面要铺100 mm厚的软土或细沙，再盖上混凝土保护板、红砖或警示带，覆盖宽度应超过电缆两侧以外各50 mm。
卷管制作	卷管的同一筒节上的两纵焊缝间距应≥200 mm。 卷管组对时，相邻筒节两纵缝间距应＞100 mm。 有加固环、板的卷管，加固环、板的对接焊缝应与管子纵向焊缝错开，其间距应≥100 mm。加固环、板距卷管的环焊缝应≥50 mm。
平直度测量	管道对口时应在距接口中心200 mm处测量平直度，管道公称尺寸＜100 mm时，允许偏差为1 mm；管道公称尺寸≥100 mm时，允许偏差为2 mm，且全长允许偏差均为10 mm。
斜接弯头	公称尺寸＞400 mm的斜接弯头可增加中节数量，其内侧的最小宽度≥50 mm。 斜接弯头的周长允许偏差应符合下列规定：①当公称尺寸＞1 000 mm时，允许偏差为±6 mm；②当公称尺寸≤1 000 mm时，允许偏差为±4 mm。
绝热层分层施工	当采用一种绝热制品，保温层厚度≥100 mm、保冷层厚度≥80 mm时，应分为两层或多层逐层施工，各层的厚度宜接近。
直埋电缆间距	直埋电缆同沟时，相互距离应符合设计要求，平行距离≥100 mm，交叉距离≥500 mm。
捆扎间距	对硬质绝热制品，捆扎间距应≤400 mm；对半硬质绝热制品，捆扎间距应≤300 mm；对软质绝热制品，捆扎间距宜为200 mm。
套管	建筑管道穿过楼板时应设置金属或塑料套管。安装在楼板内的套管，其顶部高出装饰地面20 mm；安装在卫生间及厨房内的套管，其顶部应高出装饰地面50 mm，底部应与楼板底面相平。 当立管管径≥110 mm时，在楼板贯穿部位应设置阻火圈或长度≥500 mm的防火套管。 管径≥110 mm的横支管与暗设立管相连时，墙体贯穿部位应设置阻火圈或长度≥300 mm的防火套管，且防火套管的明露部分长度宜≥200 mm。

（续表）

管道金属保护层的纵向接缝	管道金属保护层的纵向接缝，当为保冷结构时，应采用金属抱箍固定，间距宜为250~300 mm；当为保温结构时，可采用自攻螺钉或抽芯铆钉固定，间距宜为150~200 mm，间距应均匀一致。
安全保护围封	电梯安装之前，所有厅门预留孔必须设有高度 ≥ 1 200 mm 的安全保护围封（安全防护门），并应保证有足够的强度，保护围封下部有高度 ≥ 100 mm 的踢脚板，并应采用左右开启方式，不能上下开启。

2.m

0.5 m	当利用建筑物外立面混凝土柱内的主钢筋作为防雷引下线时，接地测试点通常不少于2个，接地测试点应离地 0.5 m。
0.6 m	接地体垂直埋设时，埋设后接地体的顶部与地面的距离 ≥ 0.6 m；接地体的水平间距应 ≥ 5 m。 水平接地体敷设于地下，与地面的距离 ≥ 0.6 m；各接地体之间应保持 5 m 以上的直线距离。
0.7 m	进行高电压试验时，操作人员与高电压回路间应具有足够的安全距离。例如：电压等级 6~10 kV，不设防护栏时，安全距离 ≥ 0.7 m。 开挖的沟底是松软土层时，可直接敷设电缆，一般电缆埋深应 ≥ 0.7 m；穿越农田时，电缆埋深应 ≥ 1 m。
1 m	电缆沟电缆与热力管道、热力设备之间的净距，平行敷设时应 ≥ 1 m。
1.1 m	室内消火栓栓口中心距地面应为 1.1 m。
1~1.5 m	巡查设备安装的距地高度为 1.3~1.5 m。 对讲主机操作面板安装的距地高度宜 ≤ 1.5 m。 仪表的中心距操作地面的高度宜为 1.2~1.5 m。 出入口各类识读装置安装的距地高度宜 ≤ 1.5 m。 滑车组动、定（静）滑车的最小距离 ≥ 1.5 m。 耐火料喷涂方向应垂直于受喷面，喷嘴与喷涂面的距离宜为 1~1.5 m。
1.7 m	气体灭火系统安装：选择阀的安装高度超过 1.7 m 时，应采取便于操作的措施。
1.8 m	测量高压的压力表安装在操作岗位附近时，宜距操作面 1.8 m 以上，或在仪表正面加保护罩。
2 m	电缆引出地面，距地面 2 m 以下且无设计要求时，应设置电缆保护管。 在经常有人停留的平屋顶上，排水通气管应高出屋面 2 m。
2.5 m、3.5 m	探测器室内安装的距地高度宜 ≥ 2.5 m，室外安装的距地高度宜 ≥ 3.5 m。

（续表）

4 m	排水塑料管必须按设计要求及位置装设伸缩节。当设计无要求时,伸缩节间距≤4 m。
	在排水通气管出口4 m以内有门、窗时,排水通气管应高出门、窗顶600 mm或引向无门、窗一侧。
	金属排水管道上的吊钩或卡箍应固定在承重结构上。固定件间距:横管不大于2 m;立管不大于3 m。楼层高度≤4 m,立管可安装1个固定件。
5 m	跨度>5 m的拱胎在拆除前,应设置测量拱顶下沉的标志。
	室内给水金属立管管道支架设置:楼层高度≤5 m时,每层支架必须设置不少于1个;楼层高度>5 m时,每层支架设置不少于2个,安装位置匀称,管道支架高度距地面为1.5~1.8 m,同一区域内管架设置高度应一致。
7 m	井道最高点和最低点0.5 m内应各装一盏灯,中间灯间距≤7 m。
8 m	架杆方法只能用于竖立木杆和长度<8 m的水泥杆。
11 m	当相邻两层门地坎间的距离>11 m时,其间必须设置井道安全门。
20 m	金属母线超过20 m的直线段、不同基础连接段及设备连接处等部位,应设置热胀冷缩或基础沉降的补偿装置。
30 m	硬塑料管直线长度>30 m时,宜加装伸缩节。
50 m	在电缆排管直线距离>50 m处、排管转弯处、分支处都要设置排管电缆井。
80 m	当采用钢尺量距时,其丈量长度(l)的范围宜为:20 m≤l≤80 m。
400 m	一段架空送电线路的测量视距长度,宜≤400 m。

3.压力

0.1 MPa	当设计未注明时,热水供应系统和蒸汽供暖系统、热水供暖系统水压试验压力=max{系统顶点的工作压力+0.1 MPa, 0.3 MPa}。
0.2 MPa	塑料管及铝塑复合管热水供暖系统水压试验压力=max{系统最高点工作压力+0.2 MPa, 0.4MPa}。
	真空管道的液压试验压力=0.2 MPa。试验前,应用空气进行预试验,试验压力宜为0.2 MPa。
0.4 MPa	埋地钢管道的液体试验压力=max{1.5倍设计压力, 0.4 MPa}。
	高温热水供暖系统水压试验压力=系统最高点工作压力+0.4 MPa。
0.6 MPa	当工业管道的设计压力≤0.6 MPa时,可采用气体为试验介质。 当工业管道的设计压力>0.6 MPa时,设计单位和建设单位认为液压试验不切实际时,可按规定的气压试验代替液压试验。
	建筑管道水压试验压力必须符合设计要求,当设计未注明时,各种材质的给水管道系统试验压力=max{1.5倍工作压力, 0.6 MPa}。
1 MPa	工作压力>1.0 MPa及在主干管上起到切断作用和系统冷、热水运行转换调节功能的阀门和止回阀,应进行壳体强度和阀瓣密封性能的试验。

4. ℃

–16~–12 ℃	碳素结构钢在环境温度 < –16 ℃、低合金结构钢在环境温度 < –12 ℃时,不应进行冷矫正和冷弯曲。
5 ℃	工业管道液压试验:环境温度宜≥ 5 ℃(当环境温度 < 5 ℃时,应采取防冻措施)。
	储罐的充水试验:试验水温≥ 5 ℃。
	阀门壳体压力试验和密封试验的试验温度:阀门(20 ℃);试验介质(应为 5~40 ℃,不足 5 ℃,应采取升温措施)。
10 ℃	自动化仪表施工现场准备:气源应清洁、干燥,露点应低于最低环境温度 10 ℃以上,气源压力应稳定。
70 ℃	应用于防排烟系统或输送温度 > 70 ℃的空气或烟气的风管,应采用耐热橡胶板或不燃的耐温、防火材料。

5. 比例

2‰ ~5‰	汽、水同向流动的热水供暖管道和汽、水同向流动的蒸汽管道及凝结水管道,安装坡度应为 3‰,不得小于 2‰。 汽、水逆向流动的热水供暖管道和汽、水逆向流动的蒸汽管道,安装坡度不应小于 5‰。
0.1%	排管通向电缆井应有≥ 0.1%的坡度,以便管内的水流入电缆井内。
1%	散热器支管的安装坡度应为 1%。
5%	真空度试验按设计文件要求,对管道系统抽真空,达到设计规定的真空度后,关闭系统,24 h 后系统增压率应≤ 5%。
±5%	仪表试验:60 V 以下的直流电源电压波动范围应为 ±5%。
±10%	仪表试验:交流电源及 60 V 以上的直流电源电压波动范围应为 ±10%。
–5%~+15%	系统总风量调试结果与设计风量的允许偏差应为 –5%~+10%。 空气处理机组在设计机外余压条件下,系统总风量应满足风量允许偏差应为 –5%~+10%的要求;新风量与设计新风量的允许偏差为 0~+10%。 各变风量末端装置的最大风量调试结果与设计风量的允许偏差为 0~+15%。 空调冷(热)水系统、冷却水系统总流量与设计流量的偏差应≤ 10%。
10%	阀门安装前,应按规范要求进行强度和严密性试验,试验应在每批(同牌号、同型号、同规格)数量中抽查 10%,且不少于一个。
20%	摄像机、探测器、出入口识读设备、电子巡查信息识读器等设备抽检的数量不应低于 20%,且不应少于 3 台,数量少于 3 台时应全部检测。
40%	槽盒内的绝缘导线总截面积(包括外护套)应≤槽盒内截面积的 40%。
50%	给水和中水监控系统应全部检测;排水监控系统应抽检 50%,且不得少于 5 套,总数 < 5 套时应全部检测。

（续表）

60%	水冲洗排放管的截面积应≥被冲洗管截面积的60%，排水时不得形成负压。
75%	基础混凝土强度≥设计强度的75%，有沉降观测要求的，应设有沉降观测点。
77%	当无法将管道与设备隔开，且管道试验压力＞设备的试验压力＞按相关规范计算的管道试验压力的77%时，经设计或建设单位同意，可按设备的试验压力进行试验。
80%	吊装作业若采取同类型、同规格起重机双机抬吊时，单机载荷最大不得超过额定起重量的80%。
	测量仪表、控制仪表、计算机及其外部设备等精密设备，宜存放在温度为5~40 ℃、相对湿度≤80%的保温库内。
85%	厚涂型防火涂料涂层的厚度，80%及以上面积应符合有关耐火极限的设计要求，且最薄处厚度应≥设计要求厚度的85%。
	仪表调校室：室内温度维持在10~35 ℃，空气相对湿度≤85%。
90%	玻璃纤维复合风管对洁净空调、酸碱性环境和防排烟系统以及相对湿度90%以上的系统不适用。
95%	电力架空线路施工：导线连接处应有足够的机械强度，其强度应≥导线强度的95%。
100%	通球试验：通球率必须达到100%。
125%	曳引式电梯125%额定载重量的要求。

6.角度

2°	卷扬机：由卷筒到第一个导向滑车的水平直线距离应大于卷筒长度的25倍，且该导向滑车应在卷筒的中垂线上，以保证卷筒的入绳角＜2°。
5°	跑绳进入滑轮的偏角宜≤5°。
5°~15°	横担水平安装时，顶端宜向上翘起5°~15°。
30°~45°	桅杆缆风绳与地面的夹角应在30°~45°。
45°	水平管道的纵向接缝位置，不得布置在管道垂直中心线45°范围内。当采用大管径的多块硬质成型绝热制品时，绝热层的纵向接缝位置可不受此限制，但应偏离管道垂直中心线位置。
	立式设备、垂直管道或斜度＞45°的斜立管道上的金属保护层，应分段将其固定在支承件上。
15°~60°	水平管道金属保护层的环向接缝应沿管道坡向，搭接在低处，其纵向接缝宜布置在水平中心线下方的15°~45°处，并应缝口朝下。当侧面或底部有障碍物时，纵向接缝可移至管道水平中心线上方60°以内。
90°	室内消火栓栓口出水方向宜向下或与设置消火栓的墙面成90°角，栓口不应安装在门轴侧。

第二部分　管理与法规模块

一、时间类

5 d	资格预审文件或者招标文件的发售期不得少于 5 d。依法必须进行招标的项目提交资格预审申请文件的时间，自资格预审文件停止发售之日起不得少于 5 d。
	招标人已收取投标保证金的，应当自收到投标人书面撤回通知之日起 5 d 内退还。
14 d	工程变更确定后 14 d 内施工单位应提出变更工程价款的报告，经监理工程师、建设单位工程师确认后，根据合同条件调整合同价款。
	发包人应在收到承包人进度款支付申请后的 14 d 内，根据计量结果和合同约定对申请内容予以核实，确认后向承包人出具进度款支付证书。
	若发包人逾期未签发进度款支付证书，则视为承包人提交的进度款支付申请已被发包人认可，承包人可向发包人发出催告付款的通知，发包人应在收到通知的 14 d 内，按照承包人支付申请的金额向承包人支付进度款。
	发包人应在签发进度款支付证书后的 14 d 内，向承包人支付进度款。
20 d	依法必须进行招标的项目，自招标文件开始发出之日起至投标人提交投标文件截止之日止，最短不得少于 20 d。
3 年	特种作业操作证每 3 年进行一次复审。

二、组合类

资格预审文件或招标文件的澄清或修改	招标人可以对已发出的资格预审文件或者招标文件进行必要的澄清或者修改。澄清或者修改的内容可能影响资格预审申请文件或者投标文件编制的，招标人应当在提交资格预审申请文件截止时间至少 3 d 前，或者投标截止时间至少 15 d 前，以书面形式通知所有获取资格预审文件或者招标文件的潜在投标人；不足 3 d 或者 15 d 的，招标人应当顺延提交资格预审申请文件或者投标文件的截止时间。该澄清或者修改的内容为招标文件的组成部分。
安全文明施工费的支付	①除专用合同条款另有约定外，发包人应在工程开工的 28 d 内预付不低于当年施工进度计划的安全文明施工费总额的 50%，其余部分应与进度款同期支付。 ②发包人没有按时支付安全文明施工费的，承包人可以催告发包人支付，发包人在付款期满的 7 d 内仍未支付的，承包人有权暂停施工。
工程进度款的审核与支付	发包人未按前款规定支付进度款的，承包人可催告发包人支付，并有权获得延迟支付的利息；发包人在付款期满后的 7 d 内仍未支付的，承包人可在付款期满的第 8 天起暂停施工。发包人应承担由此增加的费用和延误的工期，向承包人支付合理利润，并承担违约责任。

三、步骤程序类

索赔的程序	意向通知→资料准备→索赔报告的编写→索赔报告的提交→索赔报告的评审→索赔谈判→争端的解决。
施工进度计划的调整步骤	分析进度计划检查结果，确定调整对象和目标→选择适当调整方法→编制调整方案→对调整方案评价和决策→确定调整后实施的新施工进度计划→施工进度调整之后，应采取相应措施实施。
临时用电的验收程序	编制临时用电施工组织设计→施工企业总工程师审批→报监理和业主再审批→向当地电业部门申报用电方案→按照电业部门的批复及相关规范进行材料设备的采购和施工→检查和验收临时用电项目→向电业部门提供相关资料，申请送电→电业部门检查和验收以及试验，合格后同意送电使用。
应急预案的编制程序	成立编制预案工作组→资料收集→风险评估→应急能力评估→编制应急预案→应急预案评审。
伤亡事故的处理	事故发生→救出伤员，立即联系医院进行抢救→迅速排除险情，采取措施防止事故进一步扩大→保护现场，划出隔离区并做好标识。
项目成本计划编制的程序	预测项目成本→确定项目总体成本目标→编制项目总体成本计划→项目管理机构与组织的职能部门根据责任成本范围，分别确定自己的成本目标，并编制相应的成本计划→针对成本计划制定相应的控制措施→由项目管理机构与组织的职能部门负责人分别审批相应的成本计划。
成本控制程序	确定项目成本管理分层次目标→采集成本数据，监测成本形成过程→找出偏差，分析原因→制定对策，纠正偏差→调整改进成本管理办法。
工期成本的动态控制	确定关键工作和关键线路→估计各项工作正常费用、最短持续时间和对应的费用，计算工作费用率→当只有一条关键线路时，找出费用率最小的关键工作作为压缩对象（当有两条及以上的关键线路时，找出各条关键线路上费用率总和最小的工作组合作为压缩对象）→分析并计算压缩后总的直接费用的增加值和间接费用的减少值→比较计算结果，若直接费用的增加值大于间接费用的减少值则重新压缩；反之，则停止压缩。
单机试运行方案的编审	施工项目总工程师编制→施工企业总工程审定→建设单位和监理单位批准→施工单位实施。
工程移交	工程投产试车产出合格产品→经过合同规定的考核期→总承包单位和建设单位签订《工程交接证书》。
施工计量器具的管理程序	收集信息→确定所需器具计划→确定购置、租赁计划→采购、租赁、验收→送检→入库、建档、保管→发到班组→调校及使用→现场检查、对比→退库、保管→第二次使用。

中公建设工程·二级建造师考试
辅导课程简章

授课形式	阶段	课程名称	课程内容	二级建造师		
				科目	时长（h）	备注
网校课程【非组合】	导学阶段	备考导学班（网课）	备考指导+精品导学	建设工程施工管理	1	详细电话：010-60957443 微信：yuan522pann 网址：www.zggcks.com
				建设工程法规及相关知识	1	
				专业实务（机电、市政、建筑、公路、水利）	1	
	突破阶段	考点精讲班（网课）	教材精讲+考点梳理	建设工程施工管理	20	
				建设工程法规及相关知识	20	
				专业实务（机电、市政、建筑、公路、水利）	20~25	
	强化阶段	习题/案例精析班（网课）	专题整合+习题测评	建设工程施工管理	6	
				建设工程法规及相关知识	6	
				专业实务（机电、市政、建筑、公路、水利）	8~10	
	冲刺阶段	串讲要点班（网课）	要点分析+重点解读	建设工程施工管理	6	
				建设工程法规及相关知识	6	
				专业实务（机电、市政、建筑、公路、水利）	5~6	
	强化阶段	直播精讲班（直播）	直播精讲+反馈答疑	建设工程施工管理	18	
				建设工程法规及相关知识	18	
				专业实务（机电、市政、建筑、公路、水利）	16~20	
		实战刷题班（直播）	以题代练+讲练结合	建设工程施工管理	6	
				建设工程法规及相关知识	6	
				专业实务（机电、市政、建筑、公路、水利）	10~12	

（续表）

授课形式	阶段	课程名称	课程内容	二级建造师		
				科目	时长（h）	备注
	考前阶段	考前点题班（直播）	考前预测＋重点回顾	建设工程施工管理	6	
				建设工程法规及相关知识	6	
				专业实务（机电、市政、建筑、公路、水利）	5~8	
网校课程【组合】	基础夯实班（网课）	精品导学班（网课）＋考点精讲班（网课）＋习题/案例精析班（网课）		建设工程施工管理	26	
				建设工程法规及相关知识	26	
				专业实务（机电、市政、建筑、公路、水利）	32~35	
	惠学突破班（网课）	精品导学班（网课）＋考点精讲班（网课）＋习题/案例精析班（网课）＋串讲要点班（网课）		建设工程施工管理	32	未过科目，第二年重学
				建设工程法规及相关知识	32	
				专业实务（机电、市政、建筑、公路、水利）	38~42	
	零基础套餐班–网课系列	精品导学班（网课）＋考点精讲班（网课）＋习题/案例精析班（网课）＋串讲要点班（网课）＋考前点题班（直播）		建设工程施工管理	38	取证之前一直学
				建设工程法规及相关知识	38	
				专业实务（机电、市政、建筑、公路、水利）	42~46	
	零基础套餐班–直播系列	精品导学班(网课)＋直播精讲班（直播）＋实战刷题班（直播）＋串讲要点班（网课）考前点题班（直播）		建设工程施工管理	36	取证之前一直学
				建设工程法规及相关知识	36	
				专业实务（机电、市政、建筑、公路、水利）	40~42	
	VIP网络班	精品导学班＋考点精讲班（网课）＋直播精讲班（直播）＋习题/案例精析班（网课）＋串讲要点班＋考前点题班（直播）		建设工程施工管理	56	未过科目不收费
				建设工程法规及相关知识	56	
				专业实务（机电、市政、建筑、公路、水利）	60~64	

（续表）

授课形式	阶段	课程名称	课程内容	二级建造师		
				科目	时长（h）	备注
面授【非组合】		封闭集训班（7天7晚）赠送：考点精讲班（网课）+直播精讲班（直播）+习题/案例精析班（网课）+串讲要点班+考前点题班（直播）		建设工程施工管理	2天2晚	1年制：（全科）任意一科不过退6000 2年制：任意一科不过不收费
				建设工程法规及相关知识	2天2晚	
				专业实务（机电、市政、建筑、公路、水利）	3天3晚	
				建设工程施工管理	2天2晚	两年内未过科目重学
				建设工程法规及相关知识	2天2晚	
				专业实务（机电、市政、建筑、公路、水利）	3天3晚	
		零基础走读班（10天）赠送：考点精讲班（网课）+直播精讲班（直播）+习题/案例精析班（网课）+串讲要点班+考前点题班（直播）		建设工程施工管理	3天	1年制：未过科目不收费
				建设工程法规及相关知识	3天	
				专业实务（机电、市政、建筑、公路、水利）	4天	
				建设工程施工管理	3天	无协议
				建设工程法规及相关知识	3天	
				专业实务（机电、市政、建筑、公路、水利）	4天	
面授【组合】		VIP私教尊享班零基础走读班+封闭集训班		建设工程施工管理	5天	无协议
				建设工程法规及相关知识	5天	
				专业实务（机电、市政、建筑、公路、水利）	7天	
		VIP私教尊享班零基础走读班+封闭集训班		建设工程施工管理	5天	1年制：未过科目不收费 2年制：任意一科不过不收费
				建设工程法规及相关知识	5天	
				专业实务（机电、市政、建筑、公路、水利）	7天	

中公教育·全国分部一览表

分部	地址	联系方式
中公教育总部	北京市海淀区学清路 23 号汉华世纪大厦 B 座	400-6300-999 / http://www.offcn.com
北京中公教育	北京市海淀区学清路 38 号金码大厦 B 座 910 室	010-51657188 / http://bj.offcn.com
上海中公教育	上海市杨浦区锦建路 99 号	021-35322220 / http://sh.offcn.com
天津中公教育	天津市和平区卫津路云琅大厦底商	022-23520328 / http://tj.offcn.com
重庆中公教育	重庆市江北区观音桥步行街未来国际大厦 7 楼	023-67121699 / http://cq.offcn.com
辽宁中公教育	沈阳市沈河区北顺城路 129 号（招商银行西侧）	024-23241320 / http://ln.offcn.com
吉林中公教育	长春市朝阳区辽宁路 2338 号中公教育大厦	0431-81239600 / http://jl.offcn.com
黑龙江中公教育	哈尔滨市南岗区西大直街 374-2 号	0451-85957080 / http://hlj.offcn.com
内蒙古中公教育	呼和浩特市赛罕区呼伦贝尔南路东达广场写字楼 702 室	0471-6532264 / http://nm.offcn.com
河北中公教育	石家庄市建设大街与范西路交叉口众鑫大厦中公教育	0311-87031886 / http://hb.offcn.com
山西中公教育	太原市坞城路师范街交叉口龙珠大厦 5 层（山西大学对面）	0351-8330622 / http://sx.offcn.com
山东中公教育	济南市历下区经十路 13308 号中公教育大厦	0531-86554188 / http://sd.offcn.com
江苏中公教育	南京市秦淮区中山东路 532-2 号金蝶软件园 E 栋 2 楼	025-86992955 / http://js.offcn.com
浙江中公教育	杭州市石祥路 71-8 号杭州新天地商务中心望座东侧 4 幢 4 楼	0571-86483577 / http://zj.offcn.com
江西中公教育	南昌市东湖区阳明东路 66 号央央春天 1 号楼投资大厦 9 楼	0791-86823131 / http://jx.offcn.com
安徽中公教育	合肥市南一环路与肥西路交叉口汇金大厦 7 层	0551-66181890 / http://ah.offcn.com
福建中公教育	福州市八一七北路东百大厦 19 层	0591-87515125 / http://fj.offcn.com
河南中公教育	郑州市经三路丰产路向南 150 米路西 融丰花苑 C 座（河南省财政厅对面）	0371-86010911 / http://he.offcn.com
湖南中公教育	长沙市芙蓉区五一大道 800 号中隆国际大厦 4、5 层	0731-84883717 / http://hn.offcn.com
湖北中公教育	武汉市洪山区鲁磨路中公教育大厦（原盈龙科技创业大厦）9、10 层	027-87596637 / http://hu.offcn.com
广东中公教育	广州市天河区五山路 371 号中公教育大厦 9 楼	020-35641330 / http://gd.offcn.com
广西中公教育	南宁市青秀区民族大道 12 号丽原天际 4 楼	0771-2616188 / http://gx.offcn.com
海南中公教育	海口市大同路 24 号万国大都会写字楼 17 楼（从西侧万国大都会酒店招牌和工行附近的入口上电梯）	0898-66736021 / http://hi.offcn.com
四川中公教育	成都市武侯区锦绣路 1 号保利中心东区 1 栋 C 座 12 楼（美领馆旁）	028-87018758 / http://sc.offcn.com
贵州中公教育	贵阳市云岩区延安东路 230 号贵盐大厦 8 楼（荣和酒店楼上）	0851-85805808 / http://gz.offcn.com
云南中公教育	昆明市东风西路 121 号中公大楼（三合营路口，艺术剧院对面）	0871-65177700 / http://yn.offcn.com
陕西中公教育	西安市新城区东五路 48 号江西大厦 1 楼（五路口十字向东 100 米路南）	029-87448899 / http://sa.offcn.com
青海中公教育	西宁市城西区胜利路 1 号招银大厦 6 楼	0971-4292555 / http://qh.offcn.com
甘肃中公教育	兰州市城关区静宁路十字西北大厦副楼 2 层	0931-8470788 / http://gs.offcn.com
宁夏中公教育	银川市兴庆区清和北街 149 号（清和街与湖滨路交汇处）	0951-5155560 / http://nx.offcn.com
新疆中公教育	乌鲁木齐市沙依巴克区西北路 731 号中公教育	0991-4531093 / http://xj.offcn.com